国家出版基金项目
NATIONAL PUBLICATION FOUNDATION

CHINESE ACADEMY OF ENGINEERING
中国工程院

国家自然科学基金委员会
NATIONAL NATURAL SCIENCE FOUNDATION OF CHINA
1986

中国工程科技2040发展战略丛书

中国工程科技2040发展战略

信息与电子领域报告

“中国工程科技2040发展战略研究”项目组

科学出版社
龍門書局
北京

内 容 简 介

《中国工程科技2040发展战略·信息与电子领域报告》系统分析了领域工程科技发展趋势，面向我国建设世界科技强国、网络强国等国家重大战略需求，紧密结合经济社会发展愿景，基于对我国信息与电子领域工程科技体系发展能力的分析，提出面向2040 年的中国信息与电子领域工程科技的发展思路、战略目标与总体架构，各个子领域的重点任务、重大工程与重大工程科技项目，以及工程科技需求牵引的基础研究方向建议。

本书涵盖测量技术、使能技术、应用光学、感知技术、通信与网络、网络空间安全、计算技术、应用软件、智能与控制等多个子领域，系统性、综合性、前瞻性强，可为相关政府部门系统谋划和前瞻部署提供参考，为科研工作者把握学科前沿动态、明确研究方向提供指引，为科技企业洞察行业发展趋势、优化企业技术创新布局提供助力，同时智库研究人员、社会公众也可通过本书了解信息与电子领域工程科技发展状况和未来图景。

图书在版编目（CIP）数据

中国工程科技2040发展战略. 信息与电子领域报告 / “中国工程科技2040发展战略研究”项目组编. -- 北京 : 龙门书局, 2025. 6. -- ISBN 978-7-5088-6744-1

Ⅰ. G322；G202-12；TN-12

中国国家版本馆CIP数据核字第202504LT88号

责任编辑：石　卉　高雅琪 / 责任校对：何艳萍

责任印制：师艳茹 / 封面设计：有道文化

科学出版社
龍門書局 出版

北京东黄城根北街16号

邮政编码：100717

http://www.sciencep.com

北京中科印刷有限公司印刷

科学出版社发行　各地新华书店经销

*

2025年6月第　一　版　开本：720×1000　1/16

2025年6月第一次印刷　印张：11 1/4

字数：180 000

定价：98.00元

（如有印装质量问题，我社负责调换）

“中国工程科技未来 20 年发展战略研究”

联合领导小组

组　长：李晓红　窦贤康

副组长：邓秀新　王希勤

成　员（以姓氏笔画为序）：

王　岩　王振海　王璞玥　卢春房　付雪峰
刘　克　刘作仪　杨俊林　张守攻　张　军
张伯礼　周守为　洪　微　费爱国　姚玉鹏
贺克斌　聂建国　倪培根　赖一楠　谭天伟

联合工作组

组　长：樊新岩　姚玉鹏

成　员（以姓氏笔画为序）：

丁养兵　于　璇　马守磊　孙　粒　陈冰玉
焦　栋

“中国工程科技2040发展战略丛书”

编　委　会

秘 书 组

组　长： 黎青山　王崑声

副组长： 马守磊　孙　粒　周晓纪

成　员（以姓氏笔画为序）：

王宏伟　付　强　刘宇飞　刘晓刚　刘盛志
许彦卿　孙　磊　孙胜凯　李欣欣　杨　毅
杨晓迎　杨富裕　沈　顺　张永伟　张国生
张铁煊　张增志　陈　涛　陈　磊　陈欣意
周　源　郑文江　胡承志　贾　怡　徐熙阳
高　丹　黄廷锋　隋秀峰　黎成权　薛晓娟
魏　畅

《中国工程科技 2040 发展战略·信息与电子领域报告》

编　委　会

总　序

习近平总书记指出，“工程科技的每一次重大突破，都会催发社会生产力的深刻变革，都会推动人类文明迈向新的更高的台阶”。“中国工程科技未来 20 年发展战略研究”（以下简称“未来 20 年战略研究”）是中国工程院与国家自然科学基金委员会联合组织开展的工程科技中长期发展战略研究，是践行国家高端智库和思想库使命，围绕科技创新发展的全局和长远问题，强化科技战略咨询，引导全社会推进工程科技系统创新、引导我国科学家面向需求开展基础研究的重要抓手，自 2009 年迄今已开展三轮。当前，在中国迈入全面建成社会主义现代化强国的伟大征程这一历史节点，面向 2040 年开展未来 20 年战略研究，以人本视点、长远视角、全球视野谋划工程科技体系创新，对于发挥工程科技创新在中国式现代化伟大实践中的强大驱动和支撑作用，显得尤为重要。

一、明确战略导向，系统谋划工程科技体系创新，抢抓新一轮科技与产业革命的战略主动权

当前我们所处的时代，是一个正在孕育和推进巨大变革的时代。一是，新一轮科技革命和产业变革深入发展，新的“技术—经济”周期正在酝酿，科学研究不断突破人类认知边界，技术创新进入前所未有的密集活跃期，自然科学与工程技术正在经历一场空前的大整合，前沿科技领域即将发生一系列重大群体性突破，数字化、网络化、智能化加快与各领域融合，科技和产业形态正在发生体系性变革，一系列颠覆性技术和前沿技术将催生新产业、新模式、新动能，加速形成新质生产力。二是，科技革命与大国博弈相互交织，世界各国竞相布局新领域新赛道，高技术领域成为国际竞争最前沿和主战场，全球科技创新版图将持续进行深度重构，正在并将更加深刻地重塑全球秩序和发展格局，我国建设科技强国的环境更加复杂、任务更加艰巨、挑战更加严峻。三是，中国经济社会进入现代化发展新阶段，质量变革、效率变革、动力变革成为现代化发展的核心主题，本质要求以科技创新引领产业创新，以科技现代化支撑高质量发展，以科技强促进产业强、经济强、国家强，全面推进中华民族伟大复兴。

由此可见，面对百年未有之大变局，科技创新的战略导向十分紧要，工程科技的战略选择至关重要。站在新的历史方位，我们必须把握历史主动和战略主动，作为工程科技思想库，我们更加有责任对工程科技在中国式现代化发展中的作用做出回答，并且要做出系统、科学的回答。通过集聚群智，超前谋划、系统研究，深刻认识、准确把握、主动适应当代科技创新大势，统筹研究与解决工程科技领域战略性、方向性、全局性重大问题，策源重大战略、推动重大攻关，力争在新一轮科技革命的浪潮之巅掌握主动权，为中国乃至全球创新发展贡献方案和智慧，以工程科技赋能传统产业转型升级、培育壮大新兴产业、前瞻布局未来产业，引领现代化产业体系建设，充分发挥工程科技战略对我国工程科技进步和经济社会发展的引领作用。

二、擘画发展愿景，面向全球性挑战和人类共同未来，科学描绘工程科技发展路线图

科技进步在以空前的力量和速度改变人类生产和生活方式，但科技发展的不确定风险也为本就充满变数的世界带来诸多挑战。世界进入大科学时代，工程与科学技术的综合集成加速了科技转化和工程运行节奏，数字智能、绿色低碳和以人为本，成为未来20年全球工程科技创新的最突出主题，人工智能技术成为新一轮科技革命的核心驱动力，可望推动人类迈向普惠型智能社会，绿色、低碳发展成为人类应对气候变化生存危机的最根本路径，工程科技对经济社会及环境等方面的影响不断加深，工程实践日益成为一个社会建构的过程，不仅将引发产业变革，且将在更大程度上引起社会整体性变革，推进人类社会进入崭新的未来世界。与此同时，科技发展本身的风险不容忽视，物理世界、虚拟世界以及人类社会的脆弱性日益凸显，人类发展面临前所未有的挑战，战略失策的风险增加。面向未来，技术方向、技术路线选择是否正确，将决定能否抓住颠覆性创新的窗口期、把控产业体系重构的正确方向、把握技术路径与产业发展主导权，能否有效提高国家科技资源配置效率、满足安全发展和应对全球性挑战的需求，以及是否符合科技伦理的要求和全球科技治理格局重塑的需要。

因此，在不确定不稳定大变局下，我们将怎样看待2040年的中国？怎样看待2040年的世界？怎样看待2040年的人类社会？面对这些前景、挑战和不确定性，我们更加强调以科学的方法开展前瞻战略研究，更加强调立足人与社会的长远发展愿景，以更好地增进人类福祉为目标开展科技发展路径选择，更加强调考量社会经济发展需求与工程科技发展的双向作用。为此，在中国工程科技2040发展战略研究（以下简称“2040战略研究”）中，我们创新提出了“愿景驱动的工程科技2040发展战略研究”方法体系，进一步突出需求和愿景驱动，充分发挥工程科技的实践性、创造性、带动性和选择性作用，以更好、更有效地创造和满足人类发展需求为出发点，将技术预见、工程科技发展可能性与经济社会发展需求紧密结合，强调对未来经济社会与科技融合发展的愿景的预见和预判，深度描绘未来发展蓝图，以期选择正确的发展方向，谋划科学高效的发展路径，提出合理可行的发展策略，追求新兴技术与社会发展的和谐统一，通过工程科技的系统性创新与工程实践，主动塑造更加理想的未来，推动人类社会可持续、安全和健康发展。

三、突出联合优势，推动基础研究与工程科技的互融共促，全链条筑牢高水平自立自强根基

基础研究是科技创新的源头和先导，是实现高水平科技自立自强的根基和前提。当前，科学研究范式发生深刻变革，基础研究、应用研究、试验发展呈现非线性链接、互融共促的新特征，基础研究转化周期明显缩短，基础研究与工

程科技的关系将更加密切。从科技革命发展的态势看，国际科技竞争不断向基础前沿前移，要抢抓科技革命发展机遇，必须从底层做起，推动原创性、颠覆性科技创新，实现基础研究与产业研发的底层耦合与深度联动、理论与技术的闭环反馈与快速迭代，为发展新质生产力开辟新领域新赛道，塑造新动能新优势。与此同时，我国当前产业体系和重大工程关键环节仍存在一些短板弱项，其中很大一部分是对基础理论和基础问题认识不清造成的，聚焦现代化经济体系建设要求、产业链和产业生态体系安全发展要求，迫切需要加强需求牵引、问题导向的基础研究部署。

因此，在2040战略研究中，我们把从工程科技发展需求中特别是从重大工程建设需求中提出基础研究问题作为研究重点之一，以充分发挥中国工程院汇聚一大批工程科技界大师的优势，加强工程科技界和基础研究界院士专家的交流互动，围绕工程科技需求共同凝练基础研究问题，提高工程创新中的系统工程思维在基础研究领域整体谋划布局中的作用，强化基于国家战略需求的重大科学问题前瞻布局，促进基础研究与应用研究、成果转化融通发展，进而牵引和拓宽基础科学发展空间。同时，充分发挥国家自然科学基金委员会覆盖自然科学全领域的专家资源优势，加强重大任务和重大科技项目的凝练。这样，既能选择、引导、带动基础研究，又能推动工程科技创新与产业变革，为实现高水平科技自立自强、推动经济社会发展、建设现代化强国做出更大贡献。

总之，2040战略研究具有工程科技与经济社会发展结合紧、从基础研究到重大工程链条全、工程科技覆盖体系强、路线图研究积累深等特点，研究过程中，坚持以院士为核心、以专家为骨干，强调发挥战略科学家的作用，注重吸纳优秀中青年专家参加，动员了各领域近300位院士以及近900位专家，并通过技术预见调查等方式，吸收5000多位专家的意见，强化研究的开放性，充分凝聚各界智慧。在本套丛书即将付梓之际，我们谨对参与和指导项目研究的领导、院士、专家表示诚挚的感谢。

“中国工程科技2040发展战略丛书”包含1部综合报告，1部技术预见报告，11部领域战略研究报告，以及1部《中国工程科技2040发展战略·需求导向的基础研究导论》，力图通过较为系统、全面的战略研究和成果传播，在支撑国家战略规划和决策的同时，为社会各界了解工程科技发展态势、开展技术方向选择等提供指引，为各有关方面规划研究编制提供参考，推动社会各界共同推进工程科技创新，共同迎接和创造新的未来。

展望未来，中国工程院和国家自然科学基金委员会将继续鼎力合作，将未来20年战略研究作为长期任务加以推进，以期通过持续研究，不断提高研究的战略性、科学性与实践性，更好地引领工程科技创新，聚力推动社会主义现代化强国建设。

“中国工程科技未来20年发展战略研究”

联合领导小组

2025年2月

前　言

党的二十大报告指出，到2035年，我国要“实现高水平科技自立自强，进入创新型国家前列”“到本世纪中叶，把我国建设成为综合国力和国际影响力领先的社会主义现代化强国”。当前，我国已进入跻身创新型国家前列、建设成为世界科技强国的关键阶段，创新已成为引领我国经济社会发展的第一动力，在我国建设现代化经济体系中的战略支撑作用和现代化建设全局中的核心地位日益强化。科技自立自强已成为我国国家发展的战略支撑，通过系统部署全面提升我国工程科技体系创新能力，并以此推动国家创新体系建设、打造未来发展新优势、实现从“跟跑”“并跑”到“领跑”的转变，是我国科技界必须勇于承担的重大历史责任。

信息与电子领域作为当前研发投入最集中、创新最活跃、辐射带动作用最强的科技领域，已成为当前全球战略竞争的重要领域之一，谁抢占了制高点，谁就能在未来的大国科技竞争中掌握先机、赢得优势。信息与电子领域对于促进我国产业转型升级、推动经济增长、维护国家安全发展、提高国家竞争力具有至关重要的作用，是推动我国“实现高水平科技自立自强，进入创新型国家前列”的主要支柱和重要引擎之一。当前，以新一代信息技术、人工智能为代表的战略性新兴产业，以及以类脑智能、量子信息、未来网络为代表的未来产业，已成为我国加快形成新质生产力、增强发展新动能、构建新发展格局、推动高质量发展的关键着力点。科学预见信息与电子领域工程科技未来发展趋势，深刻把握其发展需求变化，并在此基础上研究制定我国未来信息与电子领域工程科技发展战略，前瞻部署重大工程与重大工程科技项目，对于系统化推动我国信息与电子领域的科技创新发展具有重大意义。《中国工程科技2040发展战略·信息与电子领域》基于对国内外信息与电子领域工程科技发展趋势的把握，研判面向2040年我国信息与电子领域工程科技关键技术方向，描绘2040年信息与电子领域工程科技发展蓝图、发展思路与发展目标，凝练基础研究方向、重大工程与重大工程科技项目，为推动我国信息与电子领域工程科技体系创新、系统谋划和前瞻部署提出对策建议。

本书依托"中国工程科技2040发展战略研究"项目。项目组充分发挥信息与电子领域院士的骨干作用，组建权威研究团队，深入开展战略研究。项目组下设一个综合课题组和三个专题课题组，其中每个专题课题组都包括三个子领域方向。专题课题一组包括测量技术、使能技术、应用光学三个子领域组。专题课题二组包括感知技术、通信与网络、网络空间安全三个子领域组。专题课题三组包括计算技术、应用软件、智能与控制三个子领域组。由于总体项目中单独设置了人工智能领域专题，本书中智能与控制子领域的研究主要聚焦与硬件紧密相关的算法领域。各专题课题组按分工开展各自领域的工程科技发展态势、现状分析与技术预见，面向

2040年提出相关子领域的发展思路与对策建议，以及可纳入重大工程、重大工程科技项目与基础研究方向的建议。综合课题组负责领域发展需求预测与愿景分析，描绘面向2040年的我国信息与电子领域工程科技发展总体蓝图与战略目标，绘制发展路线图，研究提出推动领域工程科技体系创新发展对策及建议。课题研究采用文献研究、德尔菲法和发展路线图等科学研究方法和研究手段，通过将技术预见与需求分析相结合，最终提出了面向2040年信息与电子领域的关键技术、关键共性技术及颠覆性技术清单，以及数字测量体系筑基工程等6项重大工程、新型量值传递溯源技术等7项重大工程科技项目和量子精密测量与传感等22项基础研究方向建议。项目组期望上述重点研究方向及工程项目建议能够引起各方重视，从而发挥举国体制优势，超前布局、系统推进，推动我国信息与电子领域实现跨越式发展。

本书得到了中国工程院信息与电子工程学部多位院士的关心和指导，凝聚了广大专家的努力与心血，在此一并致谢。

技术预见本身难度较大，加之近年来信息与电子领域的技术快速发展，不少技术呈现非线性发展态势，预测其跨度20年的发展存在诸多不确定性，加之编者水平有限，书中难免存在一些偏颇之处，敬请读者批评指正。

《中国工程科技2040发展战略·信息与电子领域报告》编委会

2025年2月

目　　录

第一章　面向 2040 年信息与电子领域世界工程科技发展态势

第一节　信息与电子领域世界工程科技发展状况及国际先进水平

一、本领域世界各国正在开展的重大科技计划及其预期成果

信息与电子领域作为当前研发投入最集中、创新最活跃、辐射带动作用最强的科技领域之一，其科技发展水平已然成为衡量一国综合竞争力的重要标志，也是世界各主要科技强国战略竞争的制高点。近年来，各国均将信息与电子领域作为重点发展、优先统筹的主要领域，围绕该领域发展密集出台多项重大国家战略计划，在不同的主干技术方向上加强布局、重点支持，以寻求并强化自身的优势地位。总体来看，各国科技计划从鼓励研发和创新、优化带动产业发展、加大财政支持力度、加强人才培养、强化国际合作与交流等方面，全面推动信息与电子领域科技创新能力持续提升。

（一）测量技术

测量技术广泛应用于科学研究和产业发展的各个领域，是典型的共性基础技术。科学研究前沿不断向宏观拓展、向微观深入、向极端挑战、向生命探源，对测量灵敏度和精度的要求不断提升，从而推动以量子测量与传感为代表的精密测量技术的快速发展。2018 年 12 月，美国出台《国家量子计划法案》（National Quantum Initiative Act），计划在 5 年内拨款 10 亿美元支持美国量子技术研发。该法案第 2 章专门规

定了美国国家标准与技术研究院（National Institute of Standards and Technology，NIST）应继续加强对计量量子化研发活动的支持，促进量子应用商业化发展所需的测量和标准基础设施建设。同时，该法案强调要进一步提高美国国家标准与技术研究院在量子领域的参与程度，利用其现有项目，通过与联邦其他部门和机构实体（包括企业、大学和联邦实验室等）合作、扩大合作企业或联合体等方式，培养量子信息学技术科学家，推进量子信息学与工程领域的发展。2023 年 11 月 29 日，美国众议院科学、空间和技术委员会通过了《国家量子倡议重新授权法案》（National Quantum Initiative Reauthorization Act），将美国国家量子计划支持期限延长至 2028 财年，还将重点放在量子技术在现代场景中的应用上，这标志着美国对这一可能定义未来技术格局的科学领域的投入正在加强。2022 年，美国国家科学技术委员会（National Science and Technology Council，NSTC）发布《将量子传感器付诸实践》（Bringing Quantum Sensors to Fruition），将美国量子信息科技领域的战略布局细分至量子测量领域。美国国家科学技术委员会认为开发和应用新型量子传感器是一个切实可行的近期目标，并将原子钟、原子干涉仪、光学原子磁力仪、利用量子光学效应的装置和原子电场传感器 5 类量子传感器的研发与产业化作为美国未来 8 年的量子测量战略目标。为此，美国国家科学技术委员会提出了三步走计划：一是量子测量技术研发机构［如美国国家标准与技术研究院、美国国家科学基金会（National Science Foundation，NSF）、能源部（Department of Energy，DOE）、国防部等］与量子传感器的潜在最终用户合作，共同开展量子传感器原型的基础研发、测试和利用，以加速应用落地；二是支持建立量子传感器供应链，如专用材料、制造设施、集成光子器件、激光器、电子器件、真空系统等，实现规模经济；三是为量子传感器及其关键核心技术、零部件制定标准，从而获取先发优势。2022 年 9 月，英国国家物理实验室（National Physical Laboratory，

NPL）发布《计量研究路线图》（Metrology Research Roadmaps），对未来 10 年需要实施就位的关键计量技术研发进行了规划布局。《计量研究路线图》形成的最高优先级研究领域 12 张路线图中，量子化发展规划占据了 1/4，主要涉及 3 个部分：一是量子电学计量，目标是到 2031 年，研制出 0.01 ppm①的 10 nA 量子电流标准和频率为千兆赫（GHz）、精度为 1000 ppm 的量子交流电压；二是量子时钟、传感和通信，目标是到 2031 年，研制集成微光梳的便携式离子光钟、E-18 级芯片的现场传感器等；三是量子计算，目标是到 2031 年，开展量子计算子系统测试和评估，确保量子计算子系统能够与软件和硬件标准集成，并满足性能要求。

从产业发展的角度来看，数字化、智能化正在成为传统产业转型升级、新兴和未来产业发展的重要特征，由此推动了测量技术向数字化转型。国际计量委员会（International Committee for Weights and Measures，CIPM）已将数字化转型确定为计量支撑环境、生命科学、食品安全、能源、先进制造等领域未来发展的重要路径。2022 年 3 月，国际法制计量组织（Organisation Internationale de Métrologie Légale，OIML）、国际计量局（Bureau International des Poids et Mesures，BIPM）、国际测量技术联合会（International Measurement Confederation，IMEKO）、国际科学理事会（International Science Club，ISC）、国际科技数据委员会（Committee on Data for Science and Technology，CODATA）、国际电工委员会（International Electrotechnical Commission，IEC）、国际实验室认可合作组织（International Laboratory Accreditation Cooperation，ILAC）和国际标准化组织（International Organization for Standardization，ISO）签署《关于国际科学和质量基础设施数字化转型的联合意向声明》，成为计量数字化支撑质量基础设施的数字化转型的关键一步。美国国家标准与技术研究院近年实施了数字化转型计划（Digital NIST），旨在开发数字标准物质（digital reference material，dRM）和数字校准证书（digital calibration certificate，DCC），使之与美国国家标准与技术研

① $1\text{ppm}=10^{-6}$。

究院现有的标准参考仪器（standard reference instruments，SRI）、标准参考数据（standard reference data，SRD）共同组成美国国家标准与技术研究院数字化计量体系。同时，该计划将开发一个基于云的系统，用于共享可互操作的计量数据、计算、法律计量文件和其他数字工具（Camara et al.，2023）。英国国家物理实验室在《计量研究路线图》中同样提出了英国面向 2030 年的计量数字化转型路线图，将原位和远程计量、数字化计量校准、数字国际单位制（international system of units，SI）等作为主要发展方向。

（二）使能技术

使能技术并非单一的某项技术，而是众多技术的有机集合。这类技术集合能显著提升国家的核心科技竞争力，由于其具有基础性与带动性，在国家层面受到了高度重视。一些世界主要科技大国专门制定了使能技术发展专项计划，在芯片技术、超构材料与超表面技术、微纳光子器件、微波光子器件等领域持续加大布局力度。

在芯片技术领域，世界各科技强国围绕先进制程工艺、人工智能（artificial intelligence，AI）芯片等前沿技术、芯片生态系统技术能力建设与创新等方面展开布局，旨在推动本国半导体技术发展，提高国内产业竞争力。2022 年 8 月，美国出台的《芯片与科学法案》（CHIPS and Science Act）计划投入 520 亿美元支持美国国内的芯片研发与制造产业，围绕信息与电子领域多个重要方向进行战略布局，为最具战略代表性的半导体技术研发和生产提供巨额补贴与税收投资优惠（其中既包括支持成熟节点厂商扩大制造能力，同时也聚焦新一代先进芯片技术的发展及微电子学的研究），旨在以此加强美国在半导体技术研发方面的领先地位。2023 年 7 月，欧洲议会以 587∶10 的压倒性票数优势通过了《关于建立旨在强化欧洲半导体生态的措施框架条例》，建立起制度化的合作伙伴关系，推动 430 亿欧元的投资以振兴欧洲半导体产业，其目标是在 10 年内将欧洲芯片产量全球占比提高至 20%。韩国在 2021 年 5 月发布了“K 半导体战略”（K-Semiconductor Strategy），旨在扩大扶持力度，实现本土企业自强。2022 年 2 月，韩国通过修订税法进一步加大对芯片产业的扶持力度，根据新修订税法，韩国投资半导体领域国家战略技术研发的中小企业，最多可享受投资额 50%的税额抵扣优惠，大企业最多可抵扣 30%—40%；对机械装备、生产线等设备的投资中小企业最多可抵扣 20%税金，中坚企业可抵扣 12%税金，大企业可抵扣 10%税金。面向芯片自主发展的国家重大战略需求，我国国家自然科学基金委员会于 2019 年启动“后摩尔时代新器件基础研究”重大研究计划，研究周期为 8 年。该计划以芯片的基础问题为核心，旨在发展后摩尔时代新器件和计算架构，突破芯片算力瓶颈。

超构材料与超表面是一种特种复合材料或结构，具有常规材料所不具备的超常物理性质，对国民经济和国防安全具有重要战略意义，《科学》杂志将其列入 21 世纪前十年的重要科学进展。美国政府于 2018 年发布了《国家纳米技术倡议》（National Nanotechnology Initiative），其中明确提出了对超构材料和超表面等前沿技术的重点支持。2021 年，美国国防高级研究计划局（Defense Advanced Research Projects Agency，DARPA）又推出了“超构材料与超表面计划”（Metamaterials and Metasurfaces Program），旨在开发出具有革命性、创新性的新型超构材料和超表面，并应用于军事和民用领域。目前，美国已成为全球最大的超构材料与超表面市场。此外，欧洲多个国家和研究机构也相继推出了自己的超构材料和超表面研究计划，如德国的“未来超构材料计划”（Future Metamaterials Program）和英国的“超表面技术发展战略”（Metasurfaces Technology Development Strategy）等。我国超构材料与超表面技术研发起步较晚，但从国家和地方政府等层面，对超构材料和超表面的研究都给予了高度重视。在我国 2017 年发布的《新一代人工智能发展规划》中，超构材料和超表面被列为重点发展的前沿技术之一。

微纳光子器件是指在微米或纳米尺度上设计和制造的光学和光子学组件，主要是利用光的波动性质在微小结构中进行精确操控，以实现特定的光学功能。为推动这一领域的发展，美国于 2013 年发布了《国家光子倡议》（National Photonics Initiative），旨在加强光子学研究，促进微纳光子器件的创新和应用。该倡议明确了发展目标、资金支持和合作机制，为美国在微纳光子器件领域的长期发展提供了指导。欧洲在微纳光子器件领域也具有很强的研发实力，2018 年，欧盟委员会发布“地平线欧洲”（Horizon Europe）计划提案，确定了新的关键使能技术，其中明确将微/纳米电子学和光子学作为关键使能技术之一。法国在 2018 年发表了光学产业白皮书《法国光电发展计划》（Photonics France），并在第一要务中指出微纳光子技术将应用于机器视觉、激光、光机械、光量子和光子集成等领域。

作为后摩尔时代的重要科技产品，微波光子器件利用光子技术处理微波信号，融合了光学与微波工程的优势，具有高速、高频、高宽带、抗电磁干扰等突出特点，正逐渐成为现代通信、雷达、电子对抗等领域的核心组件，并呈现更加小型化、集成化的发展趋势，为现代通信系统的性能提升和复杂度的增加提供了强有力的支持。2021 年，美国国会通过了《2021 年战略竞争法案》，强调了对微波光子等前沿技术的投资，以加强自身竞争力。2020 年，德国联邦教育及研究部（Bundesministerium für Bildung und Forschung，BMBF）启动了“光子学未来计划”，旨在推动包括微波光子器件在内的光子技术的发展。中国作为全球电子制造业的重要力量，对微波光子器件的研发和应用给予了极高的重视，《国家自然科学基金“十四五”发展规划》中明确将微波光子器件列为优先发展领域之一，为满足下一代信息技术的发展需求提供有效支撑。

（三）应用光学

应用光学领域是指利用光学原理、技术和设备，解决各种实际问题并满足各个领域需求的学科领域，涉及光学的多个方面，如在基础理论与技术实现层面包括光学成像与视觉、光学材料与光学元件等领域，在应用层面包括光学通信、光学探测等领域。为进一步突出应用光学领域的实用性和应用性，本书以光学信息获取与信息传输为例重点介绍光学通信与光学探测两大领域。

第一，光学通信领域。2021年9月，美国国防高级研究计划局宣布开展天基自适应通信节点（Space-Based Adaptive Communications Node，Space-BACN）计划，旨在创建一个低成本、可重构的光通信终端，以适应大多数光学星间链路标准，实现在不同的卫星星座之间进行转换。美国国防高级研究计划局称天基自适应通信节点计划将创建一个低地球轨道（low earth orbit，LEO）卫星“互联网”，允许军事、政府和商业、民用卫星星座之间的持续通信。美国激光通信中继演示项目（Laser Communications Relay Demonstration，LCRD）作为美国空军太空测试计划卫星STPSat-6（属于STP-3发射的一部分）的有效载荷，由“阿特拉斯V”（Atlas V）运载火箭发射升空，预定轨道略高于地球静止轨道。美国激光通信中继演示项目的主要任务是在运行环境中提供两年的连续高数据速率光通信，满足美国国家航空航天局（National Aeronautics and Space Administration，NASA）对更高数据速率不断增长的需求。此外，美国激光通信中继演示项目的架构将允许它作为空间中的测试平台，用于开发额外的符号编码、链路和网络层协议等。2024年3月1日，国际光学工程学会（Society of Photo-Optical Instrumentation Engineers，SPIE）发布了《2024年全球光电行业报告》，对光电技术的未来发展趋势进行了展望（包括光学通信和信息、先进制造、量子技术等领域）。该报告指出，光学通信领域在2021—2023年增长速率达到43%，全球对基于云的服务的广泛应用正在推动发展中经济体的电信基础设施扩张，从而显著增长了光学通信和网络市场。2024年3月5日，在波托马克军官俱乐部太空峰会（the Potomac Officers Club’s Space Summit）上，美国国家航空航天局深入探讨了光通信的优点，并分享其如何与业界合作，推动该技术的迭代和应用。环洋市场咨询（Global Info Research）公司发布的《欧洲光通信产品市场报告 2023—2029》显示，欧洲光通信产品市场正处于一个稳步增长的发展阶段。该市场的扩大主要得益于欧洲各国对数字化转型的积极投入，以及对高速、高效、稳定的通信技术的持续需求。该报告指出，预计至 2029 年欧洲光通信产品市场规模将达到 58.8 亿美元，未来几年复合年均增长率（compound annual growth rate，CAGR）为 4.0%。

第二，光学探测领域。2019 年 12 月，韩国制定《光融合技术综合发展计划》，布局重点项目，加大新技术研发投入，提出实现光子产业全球第二的愿景，实现创造引领全球市场顶尖产品 20 个以上、确保世界光子技术源头专利与国际标准率占 10%以上、建设创新研发基础与全球网络等 3 个目标。2023 年 4 月，欧洲光子学领域技术平台 Photonics21 发布《新视野：通过光子学确保欧洲的战略自主》这一多年度（2023—2030 年）战略研究与创新议程（Strategic Research and Innovation Agenda，SRIA）。该议程强调了先进光子学技术在欧盟战略价值链和工业生态系统中的重要性，涵盖了高性能计算与量子计算、增强现实（augmented reality，AR）与虚拟现实技术、数字基础设施、工业 5.0 与制造业、汽车与移动性、空间与防御、可再生能源、健康、食品与农业等领域，并提出了这些领域 2025—2030 年的发展路线图。其中，空间与防御现代安全系统正朝着基于光学的成像、遥感、通信和效应器的方向发展。2024 年 2 月 12 日，美国白宫科技政策办公室（Office of Science and Technology Policy，OSTP）更新了关键和新兴技术清单（Critical and Emerging Technologies，CETs），列举了被认为对美国国家安全至关重要的技术。在高级网络化传感和特征管理领域方面，需要确定传感器处理与数据融合、自适应光学等领域的关键及新兴技术，并在可能的情况下重点关注继续出现和可现代化发展的核心技术，为国家安全相关活动提供参考。

（四）感知技术

感知技术旨在利用各类传感器获取物理世界的信号，并借助先进算法将它们映射到数字信息世界，使其进一步提升至可认知的层次。随着近年来智能传感器及深度学习支撑的数据融合先进算法的不断发展，各国的感知技术发展规划已经逐渐从早期的单一源感知（如语音感知、视觉感知等）向多模态群体感知（如太空态势感知、智慧城市建设）发展。

在军用领域，美国高度重视太空态势感知的军事攻防和全球霸权作用，于2018年先后发布新版《美国国家太空战略》《太空作战》，首次确立“太空联合作战区域”概念，并将太空态势感知作为未来全域作战十大能力之首。在该战略和条令的指导下，2023年美国太空军训练与战备司令部发布《太空域态势感知》条令，披露了美国太空军训练与战备司令部和美国国防高级研究计划局在未来合作的重大计划。其中特别指出，美国太空态势感知系统未来将由地基监视雷达、地基跟踪成像雷达、地基光学深空监视系统、船载测量雷达、空间环境监视系统、卫星信号侦察系统、天基空间监视系统等多元异构传感器组成，从而形成由地基系统和天基系统两大部分相互协同的太空态势感知。该条令同时预期，美国太空军在太空态势感知能力建设方面应主要解决监视范围不足、突发事件反应慢、弱小目标探测能力差、太空环境解译与预测能力弱、多任务指挥协调灵活性低等问题，从而提升太空态势感知保障能力、加强太空态势感知系统建设能力、强化太空态势感知指挥控制能力、扩展太空态势感知应用领域。

在民用领域，为应对能源危机、住房紧张、交通运输瓶颈带来的城市发展挑战，多国着力发展以感知技术为引领的智慧城市与物联网（internet of things，IoT）建设，旨在通过各类传感器的融合技术让城市拥有“感知力”。2012年，欧洲推出了“智慧城市和社区欧洲创新伙伴行动”（Smart Cities and Communities European Innovation Partnership，

SCC-EIP）。推出时该计划拟投入8100万欧元用于支持智能感知技术支撑的智慧交通，一方面提升人们的出行效率，另一方面计划在之后10年减少40%的温室气体排放。该计划经过多年建设已初现效果。联合国欧洲经济委员会发布未来《可持续智慧城市》的报告并指出，欧洲将围绕建设平等、宜居和智慧型城市，从智能传感器研制、感知技术瓶颈突破和智慧型城市综合解决方案研究等方面进行全面推进，以实现城市可持续发展的目标。2009年，我国首次提出“感知中国”相关概念，在无锡设立首个国家级传感网创新示范区。随后，传感网被列为国家战略性新兴产业之一。2023年，我国科技部发布国家重点研发计划“智能传感器”重点专项，旨在突破以感知技术为核心驱动力的智能传感器制造技术瓶颈。

除上述以工业传感器为核心的“机器感知”技术以外，更为先进的“人机结合感知”技术近几年受到广泛关注。美国国防高级研究计划局于2021年启动“感知赋能任务指导”（Perceptually-enabled Task Guidance，PTG）项目，旨在开发以智能感知技术为核心技术的智能穿戴设备，同人类的感知进行相互配合，从而通过机器传感器扩展人类的感知技能，最终协助用户执行复杂的物理任务。在该计划实行的近三年里，美国国防高级研究计划局已与凯特韦尔公司及诺斯罗普·格鲁曼公司签订研发合同，目的是为美国陆军研制新型的小型智能可穿戴设备，并在未来实现为感知能力有缺陷的人提供辅助支持。

（五）通信与网络

在通信与网络领域，世界各国纷纷瞄准空天地海一体化、智能化等方向深入推动该领域技术发展。2020年10月，美国国防部投资1.5亿美元，用于开发军用版“星链”卫星技术，为美国情报机构、国防部等部门提供数据加密传输、战场信息感知等多项服务，有效增强了美军侦察遥感、通信中继、导航定位、精确打击等作战能力（张帅，

2022）。2022年11月，欧盟宣布了打造安全卫星通信系统IRIS²的计划，使用近地轨道卫星网络为欧洲提供互联网通信服务。该系统允许私营部门提供商业服务，使欧洲各地的公民和企业能够在全领域（包括通信盲区）获得先进、可靠和快速的连接。第六代移动通信技术（6G）已成为各国竞争的主战场。2020年12月10日，欧盟提出由诺基亚牵头推进的Hexa-X 6G项目，目标包括打造独特的6G用例和场景，开发6G基础技术，以及定义全新的6G智能网络架构，以实现6G各项关键使能技术的智能有机整合。2021年4月28日，美国陆军网络跨职能小组（Network Cross-Functional Team，N-CFT）发布“白皮书征询”，将与美国陆军指挥控制通信-战术项目执行办公室（Program Executive Office Command Control Communications-Tactical，PEO C3T）合作开发“能力集25”（capability set 25，CS 25）。此次征询重点关注三项工作，即“指挥、控制、通信、计算机、情报、监视与侦察（Command，Control，Communications，Computers，Intelligence，Surveillance and Reconnaissance，C4ISR）模块化开放套件标准无线电技术”“卫星通信现代化”“利用人工智能/机器学习预测战斗力”。2022年6月27日，美国国防部和美国国家科学基金会正式启动弹性和智能下一代系统（Resilient and Intelligent NextG Systems，RINGS）项目。该项目旨在探索研究国防部无线网络系统的相关方面，包括针对客户端设备安全操作的软件/硬件特性增强、边缘网络元素、影响无线接入网的新兴网络架构，以及支撑未来超越5G军事网络（Beyond 5G Military Network）的网络核心等。

（六）网络空间安全

在网络空间安全领域，如何建立一个更安全、更有弹性、更能保护隐私和更公平的数字生态系统，已成为世界各国关注的焦点。各国通过任命网络安全高级官员、发布行政命令、加强国际合作等多种方式来提高网络安全性及数字生态体系基础稳定性。例如，2023年5

月，美国国防部向国会提交了《2023 年网络战略》，这份文件是美国国防部落实美国多项国家级战略中提及的优先事项的基准文件。该战略概述了美国国防部如何最大限度地发挥其网络能力，以提高综合威慑力，强调美国要与全球盟友合作加强网络攻防能力，提高应对网络攻击的能力。此外，《2023 年网络战略》还特别提到美国国防部要投资并确保其网络和基础设施具有防御性、可用性、可靠性和韧性，以支持非国防部门和机构履职并保护国防工业基础。《2023 年网络战略》明确提出 4 项任务，要求美国国防部在“保卫国家”“准备战斗并打赢国家战争”“与盟友和伙伴共同保护网络领域”“在网络空间建立持久优势”这 4 个方向努力探索，以应对当前与未来的网络威胁。2022 年 2 月 1 日，日本内阁网络安全中心发布了最新的《网络安全战略》，描述了之后 3 年日本要实施的各项措施的目标和方针，提出了网络安全方面的主旨背景、基本理念、围绕网络空间的研究认识、达成目的等各种措施及推进体制。《网络安全战略》指出，新的网络安全战略方向包括：“全体国民”数字化新常态、网络安全与企业价值、网络安全的自主风险管理和网络安全与地缘政治。此外，《网络安全战略》着力于增强日本的国际竞争力，构建企业、政府、学术界联合的生态环境，推进实用性的研究开发，应对供应链风险，培育和发展国内产业，抵御网络攻击并对其进行分析和共享，推进密码学研究，同时着眼于中长期的技术趋势（如人工智能技术、抗量子密码学、量子通信/密码学等）。2021 年 6 月，北大西洋公约组织（North Atlantic Treaty Organization，简称北约）批准了全面网络防御政策，进一步将网络防御纳入北约整体防御的威慑和防御策略，这标志着网络空间越来越受到北约各国的重视。2022 年 3 月 15 日，北约网络合作防御卓越中心发布了《2030 年网络空间战略展望》（Cyberspace Strategic Outlook 2030），从网络空间防御的背景、战略展望、态势分析，到与全域联合作战的融合及环境影响，完整地分析了 2030 年影响网络空间变革的驱动因素。第一，网络空间领域相关作战环境（分层韧性能力、网络攻防能力与战略技术规程需要与时俱进，防范跨域作战导致的新型漏洞和风险）；第二，网络空间相关的8项新兴和颠覆性技术（自主、自动化、人工智能、机器学习、深度神经网络、人机交互、数据分析/数据科学和量子技术）；第三，网络空间变化的其他驱动因素（信息战、国际法与规范、北约凝聚力和互操作性）。同时，针对来自各方面的网络攻击，北约预计从3个方面实现联合全域作战背景下的网络安全，促进构建开放、安全、稳定、无障碍及和平的信息与通信技术环境。第一，构建全域作战体系。整合所有作战区域的能力并同步作战和同步火力，将北约成员国各军种的“传感器与发射器”联系起来。第二，实现核指挥、控制和通信一体化。支持指挥和控制的实施，其中包括核武器计划和使用的军事行动中指挥单位之间的通信。第三，预估网络风险。常规指挥控制系统和核指挥、控制和通信系统深度纠缠，对拥核国家实施进攻性网络空间作战影响进行评估。

（七）计算技术

世界各国在计算机技术领域正积极投入并开展一系列重大科技计划，旨在推动技术创新、提升计算能力、解决关键技术问题，以及应对未来科技挑战。本书主要从体系结构及计算机系统软件两大领域进行分析。

首先，在体系结构领域，各国科技计划均涵盖了提升尖端计算能力，旨在全方位推动计算技术的进步，支撑经济社会的数字化转型。在超级计算方面，美国能源部主导了E级超级计算机项目，旨在开发能够实现每秒百亿亿次浮点运算能力的超级计算机，以支撑气候变化模拟、核武器维护、材料科学、生物信息学等领域的科学研究水平的提升，以及创新药物的加速研发、清洁能源技术的探索等。欧盟通过欧洲高性能计算联合计划（EuroHPC Joint Undertaking）协调成员国共同投资建设准E级的大型统一现代基础设施（Large Unified Modern Infrastructure，LUMI）、MareNostrum 5及规划中的E级系统等，其目的是满足跨学科研究、工业创新、大数据分析等领域的需求。在智能计算方面，我国发布“科技创新2030—重大项目”之“新一代人工智能”，全力推进人工智能领域的基础研究、前沿技术研发和产业应用，旨在通过在深度学习、类脑计算、智能芯片、自然语言处理等领域取得突破，形成具有国际竞争力的人工智能技术和产业体系。日本发布“社会5.0”与“超智能社会”愿景，旨在通过融合物联网、大数据、人工智能等技术，促进智慧城市与物联网技术发展，构建高度信息化、智能化的社会。在绿色计算方面，设计、开发和使用信息技术设备及系统时，需要减少对环境的影响、提高能源效率和促进可持续性。国内外科技企业与研究机构不断推出能效更高的处理器、存储设备和服务器，如采用低功耗的进阶精简指令集机器（advanced RISC machine，ARM）架构处理器、固态硬盘（solid state disk，SSD）及高效能的图形处理单元（graphics processing unit，GPU）。此外，液冷、温水冷等散热技术的进步，降低了数据中心的能耗。数据中心是绿色计算的重点领域，通过优化布局、使用可再生能源（太阳能、风能）、采用绿色建筑设计（如微软海底数据中心），以及实施智能电源管理和冷却系统，大幅降低了能源使用效率（power usage effectiveness，PUE）值。优化算法以减少计算需求，如蚂蚁集团的“绿色计算”通过算法优化减少了服务器负载，实现了能源节约。在量子计算方面，2019年，谷歌宣称实现了“量子霸权”（quantum supremacy），其量子计算机“悬铃木”执行一项特定任务的速度远超出了最先进的经典计算机。这一里程碑展示了量子计算在特定领域的计算能力优势。近年来，技术突破使得能控制和操纵的量子比特数目持续增长，如中国的段路明团队实现了512 qbit的量子模拟计算，而QuEra初创公司建造了48逻辑量子比特的量子计算机，这些都是构建更大型量子计算机的基础。

其次，在计算机系统软件领域，世界各国正积极部署一系列重大科技计划，旨在推动技术创新、提升系统性能、加强信息安全并促进经济与社会的数字化转型。这些计划聚焦于以下几个核心方向（包括但不限于高性能计算、人工智能融合）。在高性能计算软件方面，多个国家正投入资源开发下一代高性能计算（high performance computing，HPC）软件生态系统，期望通过优化调度算法、并行计算框架和数据管理工具，实现对超大规模计算任务的高效支持，预期成果包括解决气候模拟、生物医学研究、材料科学等领域的复杂计算挑战，加速科学发现与技术创新。欧洲高性能计算联合计划投资超算力设施与软件研发，优化高性能计算应用生态，预期成果可以解决气候变化、健康等方面的关键计算问题。在人工智能融合系统方面，多国政府及企业部门合作，推动人工智能与传统系统软件的深度融合，计划涵盖开发智能操作系统（operating system，OS）、自动化编程工具、机器学习框架优化等，旨在简化人工智能应用的开发与部署，提高应用性能，实现个性化服务与决策支持系统的广泛普及。我国《新一代人工智能发展规划》聚焦人工智能理论、算法、开源框架、操作系统及高端芯片协同创新，旨在打造国际领先的智能应用与服务，增强国家战略科技竞争力。日本“社会 5.0”战略与“超智能社会”项目，前者整合人工智能、大数据、物联网，开发支持软件平台，预期实现高度集成的社会服务，如智能交通、健康管理；后者侧重量子、脑科学，以及软件与信息处理技术融合，预期推动认知障碍治疗及量子计算软件新进展。

（八）应用软件

在应用软件领域，美国长期主导技术、标准和生态的发展方向，随着万物互联时代的到来，新的计算模式及应用场景蓬勃兴起，为巩固其领先地位，美国政府近年来密集出台了相关的国家战略和具体实施计划。

2019 年 11 月，美国白宫科技政策办公室发布《国家战略性计算计划（更新版）：引领未来计算》，提出构建下一代硬件和软件基础设施：面向新兴的高度多核、异构和节能的硬件架构，探索新的软件方法以有效利用硬件基础设施，优先开发强大的软件生态系统，包括共享且可持续的软件堆栈、库、框架和服务；面向未来数据的指数式增长，构建分布化、联盟化的数据存储系统，提供基于公认标准接口的跨学科数据集成，以高效实现数据的发现、访问、兼容性和可重用性，开发用于数据发现、访问、传输和处理的通用接口、知识网络、工具和服务，实现实时或即时的数据流；发展未来计算生态系统和应用不可或缺的网络基础设施服务，确保有效管理、运营和使用计算资源，并将这些服务整合到一个连贯、协调的国家网络基础设施生态系统中，并且安全地增加用户可访问性（包括 Web 平台和移动平台），促进协作，简化高端计算在动态的、系统之系统（system-of-systems）场景中的使用，允许持续访问相关数据，并提供安全容器、虚拟机等先进、高性能的服务交付机制；最终构建起一个敏捷、健壮、安全、可用、有能力和可持续的计算生态系统，支持颠覆性计算技术的融合发展，高效支持越来越多的集成仿真、传统数据分析和机器学习模型的下一代软件和应用。

为有效应对摩尔定律放缓、数据和人工智能海啸（the data and AI tsunami）、从集中式的先进计算资源（即“超级计算机”）向分布式的从边缘到云的计算和数据资源联盟转变等三大关键趋势，继续维持美国在科学工程、经济竞争和国家安全方面的领先优势，2020 年 11 月，美国白宫发布《引领未来先进计算生态系统：战略计划》作为政府、学术界、非营利组织、产业部门共同参与的举国方案。该计划提出了明确的战略目标及政府执行协调机构，在 2019 年《国家战略性计算计划（更新版）：引领未来计算》的基础上，进一步设想了一个未来的先进计算生态系统，即在从硬件设备到系统架构，再到软件栈的生态系统各个层面开展创新探索，明确要求：建立一个稳健、可持续的软件生态系统，满足新兴软件开发的需求；建立一个稳健的数据生态系统，提供支持数据实时处理、管理、分析和共享，以及跨硬件平台和跨地域的数据管理平台；开发、部署、运营和推广可信的基础设施服务与能力；探索创新的公私合作模式，培养一支多样化、有能力和灵活的专业人员队伍，能够快速应对随时变化的需求与挑战，帮助利益相关方和终端用户迁移到新的、敏捷的、更有效的环境中。

2024 年 2 月，美国国家科学技术委员会发布了最新一版关键和新兴技术清单。其中，与应用软件相关的领域包括先进超级计算（包括人工智能应用程序）、边缘计算与设备、先进云服务、空间计算等先进计算技术；深度学习、强化学习、生成式人工智能系统、多模态和大语言模型等人工智能技术；分布式账本、数字资产、数据融合、数据互操作等数据隐私和数据安全技术；增强现实、虚拟现实等人机界面技术。上述技术方向代表了美国政府对于近两年来科技发展趋势的判断和响应，同时作为美国各行政部门和机构在制定保障国家安全、竞争国际人才及保护敏感技术的相关计划时的重要参考依据，既是美国政府重点关注投入的内容，也是对竞争对手进行遏制的主要抓手。

工业软件是应用软件领域得到广泛关注和投入的方向之一，西方发达国家对工业软件进行了重点关注。2020 年 7 月，美国工业互联网联盟发布了《工业数字化转型白皮书》，强调云计算、物联网等关键技术和高效创新流程对企业数字化转型的重要驱动作用。德国政府采取了《高技术战略 2020》和《信息通信技术 2020》等政策措施，积极推动工业软件产业的发展和项目创新。法国政府将工业软件研发列为国家关键技术项目，并积极参与欧盟框架下的信息社会技术（Information Society Technologies，IST）计划和尤里卡框架下的欧洲信息技术进步（Information Technology for European Advancement，ITEA）计划。此外，日本和韩国也加大了对工业软件发展的支持力度。日本发布了 2021 年的《制造业白皮书》，推动企业深化数字化转型。韩国政府于 2020 年 7 月发布了“材料、零部件和设备 2.0 战略”，旨在大幅强化关键战略产品的供应链管理，努力使本国成为尖端产业的世界强国。

以区块链为代表的数字信任技术近年来发展迅速，得到世界各国的高度重视，特别是随着生成式人工智能、第三代互联网（Web3.0）、元宇宙等新一代互联网生态的兴起，分布式身份与可信标识、高性能高安全分布式账本技术、隐私计算等成为研究前沿。美国于2020年12月正式通过《区块链促进法》，并自2020年起连续数年把区块链纳入美国政府发布的《关键与新兴技术国家战略》，将区块链作为其保持全球领先地位的重点领域之一。英国、德国、澳大利亚等国也纷纷发布国家级的区块链发展战略。我国也把区块链纳入国家发展战略。2021年3月，《中华人民共和国国民经济和社会发展第十四个五年规划和2035年远景目标纲要》强调“培育壮大人工智能、大数据、区块链、云计算、网络安全等新兴数字产业”。2021年12月，《“十四五”国家信息化规划》明确要求“支持建设安全可控、可持续发展的底层技术平台和区块链开源社区”。2021年2月，科技部将“区块链”重点专项列入“十四五”国家重点研发计划。2021年10月，中央网络安全和信息化委员会办公室等18个部委组织开展国家区块链创新应用试点行动，推动区块链产业生态发展（中国工程院“中国区块链发展战略研究”项目组，2023）。

（九）智能与控制

在智能与控制领域，随着人工智能技术步入第三次快速发展阶段，人工智能技术研发及人工智能系统安全和保障与伦理问题成为领域发展的焦点问题。对此，各国积极推动人工智能技术生态的研发布局，并不断扩大国际合作。例如，2023年5月，基于最新的人工智能技术发展现状，美国白宫公布了一系列围绕人工智能使用和发展的新举措，发布了《人工智能研究和发展战略计划：2023更新版》，明确了美国在人工智能领域的主要研发挑战，提出了9项战略：①长期投资基础和可信人工智能研究（包括联邦机器学习、数字孪生、可持续发展的人工智能系统等）；②发展有效的人-人工智能协同（人-智协同）方法；③理解并解决人工智能应用引发的伦理、法律、社会问题，包括利用人工智能技术解决伦理、法律和社会问题；④确保人工智能系统的安全性及安全保障；⑤发展用于人工智能训练和测试的共享公共数据集和环境，包括发展可共享的公共数据集、先进的算力和硬件环境，促进创新与社会公平；⑥通过标准和基准衡量与评估人工智能系统，人工智能系统需要适当审查和定期监测，以识别和减轻技术和社会层面风险；⑦充分了解人工智能研发人才需求；⑧扩展公私合作以加速人工智能发展；⑨为人工智能国际合作建立原则性、可协调的方法（李括，2020）。此外，美国国家标准与技术研究院正在开展人工智能系统硬件的测量研究和开发、制定技术标准、建立人工智能系统风险框架和开发网络安全工具等，旨在指导组织机构在开发和部署人工智能系统时降低安全风险，避免产生偏见和其他负面后果，提高人工智能可信度，保护公民的公平自由权利（沈伟和赵尔雅，2023）。2023年，美国国家标准与技术研究院发布《人工智能风险管理框架1.0版》[Artificial Intelligence Risk Management Framework（AI RMF）1.0]。该框架的主要内容分为两部分，第一部分提出了人工智能相关风险的梳理与分析方法，并概述可信赖人工智能系统的特征；第二部分介绍了AI RMF核心的四大功能，即治理、映射、测量和管理（孔勇等，2023）。

2023年8月，德国联邦教育及研究部发布《人工智能行动计划》（Künstliche Intelligenz-Aktionsplan），作为对联邦政府人工智能战略的更新，该计划旨在将德国人工智能发展提升到更高的质量水平。为此，德国联邦教研部设定了3个总体目标：①将德国在人工智能研究和能力方面的良好基础转化为可见、可衡量的经济成就和社会效益；②实现值得信赖的人工智能“欧洲制造”，并与德国现有优势进行最佳对接；③以结果导向的方式推动与其他部委、各州、其他利益相关方及欧洲层面的人工智能对话和战略进程。同时，该计划提出了11个最迫切需要采取行动的领域，包括进一步加强研究基础，为新的前景制定研究议程，扩大人工智能基础设施，推动人工智能能力攻势，在教育系统中研究和设计基于人工智能的技术，加速人工智能向增长和经济机遇的转移，使人工智能在健康领域的应用成为惠及全民的社会效益，开发人工智能的社会和科学效益，寻求更广泛的欧洲和国际合作，促进人工智能的社会对话和多学科研究，采用适当、灵活和创新友好的监管措施（葛春雷，2023）。

我国的《新一代人工智能发展规划》《国家中长期科学和技术发展规划（2006—2020年）》中也特别指出自主智能是人工智能时代的重要方向，该领域的发展可以推动国家重大需求的深度融合。例如，机器与人结合成增强的混合智能系统；机器、人、网络结合成新的群智系统；人、机器、网络和物结合成智能城市等更复杂的智能系统。

二、本领域工程科技发展状况与国际先进水平

随着近年来世界主要科技大国在信息与电子领域不断加强布局、集中投资，信息与电子领域关键核心技术不断取得突破，前沿领域创新成果不断涌现，各主要技术领域加速迭代更新，技术路线优化调整，不断打破技术瓶颈，挑战各领域技术发展的“天花板”。

（一）测量技术

量子化和数字化是当前测量领域发展的两大趋势。量子测量是指基于微观粒子的固有属性，利用微观粒子的能级跃迁、相干叠加、量子纠缠等现象，实现对计量单位的定义并建立计量基准，或对物理量进行高准确度直接测量。其重点研究方向包括时间频率测量、电学量测量、磁参量测量、热力学温度测量等。

在时间频率测量方面，原子钟通过原子的超精细能级跃迁频率实现高精度计时，这是目前最精确的时间和频率基准装置。以光学频率波段的原子跃迁作为量子参考的光钟是当前原子钟研究的主要方向。目前的光钟主要参考两种物理体系：一是光晶格中囚禁的中性原子，即光晶格原子钟；二是离子阱中囚禁的单离子，即离子光钟。国外对

光晶格原子钟的研究相对较早，2005 年日本东京大学的香取秀俊教授带领的团队首次实现了 ^{87}Sr 光晶格原子钟，表明了研制兼具高精度和高稳定度光晶格原子钟的可能性（Takamoto et al.，2005）；2015 年美国国家标准与技术研究院和科罗拉多大学天体物理联合实验室（Joint Institute for Laboratory Astrophysics，JILA）研制的锶原子光晶格钟的不确定度达到了 2.1×10^{-18}（Nicholson et al.，2015）；2019 年科罗拉多大学天体物理联合实验室与德国联邦物理技术研究院（Physikalisch-Technische Bundesanstalt，PTB）合作将 ^{87}Sr 光晶格原子钟的稳定度提升至 4.8×10^{-17}（Oelker et al.，2019）。在离子光钟方面，2019 年美国国家标准与技术研究院研制的 $^{27}Al^{+}$光钟的系统相对不确定度达到 10^{-19} 量级，是当前世界上系统不确定度指标最好的光钟。

在电学量测量领域，基于安培新定义的量子电流复现可利用单电子隧道效应或其他物理公式，也可利用电压和电阻的量子基准，基于欧姆定律导出电流单位。德国联邦物理技术研究院在 2015 年基于砷化镓（GaAs）异质结构中动态量子点的单电子泵（single electron pump，SEP）生成了 100 pA 量级的电流，不确定度低于 0.2×10^{-6}（Lu et al.，2022）。2023 年，日本电信电话株式会社和日本产业技术综合研究所（National Institute of Advanced Industrial Science and Technology，AIST）成功地利用硅量子点产生了稳定可靠的电流，通过对比首次证实了这两个量子点的电流一致性达到 4×10^{-7} 以下，并通过将 2 个硅量子点并列组合，在保持不确定度量级一致的情况下成功产生了 2 倍的电流，确立了作为量子电流标准所需的扩展技术（Nakamura et al.，2023）。

在磁参量测量方面，磁感应强度的量值准确度水平最高，应用领域最为广泛，近年来该领域的进展也最为迅速。传统上以基于核磁共振（nuclear magnetic resonance，NMR）技术的磁测量较为常见。俄罗斯计量院采用了一种新的基于原子磁共振（atomic magnetic resonance，AMR）的基准技术，将磁感应强度测量的准确度提升到 0.03nT，超越了核磁共振技术基准水平，成为目前准确度最高的磁感应强度测量技术。2017年，中国计量科学研究院研发了一种基于激光泵浦的原子磁共振标准磁强计，将原子磁共振磁强计的灵敏度提高了1个数量级，有望进一步提升原子磁共振磁基准的准确度（伏吉庆等，2019）。

在热力学温度测量方面，根据国际温标ITS-90，美国国家标准与技术研究院可提供对0.65K以上温区的铑-铁电阻、铂-钴电阻及锗电阻温度计的比较法校准；德国联邦物理技术研究院可提供对14—273K范围内的标准铂电阻温度计及固定电容器的校准，在0.65—273K的温度范围内套管电阻温度计的校准，根据PLTS-2000和ITS-90在0.01—1.0K温度计的校准。

在计量数字化方面，部分先进国家和权威国际计量组织已经开展测量数字化转型的相关研究，为探索建立数字时代的测量标准奠定了良好基础。研究工作主要分为两个方面。一是致力于开发国际通用的标准化测量数据结构。例如，欧洲计量研究和创新计划（The European Metrology Programme for Innovation and Research，EMPIR）最先提出了智能计量数据通用元数据模型D-SI，并基于此开发了数字校准证书，旨在推动物联网测量数据通信技术的开发。该方案随后被国际计量委员会认可，2019年“数字国际单位制”工作组（CIPM-TG-DSI）成立，在国际层面协调推进D-SI的发展和完善，并逐步实现国际通用，中国、美国、英国、法国、德国、日本、韩国等国家均有专家参与。D-SI是基于可扩展标记语言（extensible markup language，XML）格式开发的一种数据结构，相关信息包括测量结果的数值、与该值相关的单位和测量不确定度等（Mustapää et al.，2020）。D-SI是测量结果的数字化表达单元，借助D-SI结构，测量数据能够具备机器可读性，实现从电子化到数字化的转变。美国国家质量保证委员会（National Committee for Quality Assurance，NCQA）正尝试创建新的数字医疗语言标准，以组织和存储临床测量数据，开发新的数据共享协议。二是测量数据库建设。美国是最早开始从事科学研究中测量数据的汇集、评估和标准化工作，强化测量数据的分析应用的国家，据2022年美国国家标准与技术研究院的统计，美国国家标准与技术研究院已建立和维护质谱数据库（NIST/EPA/NIH Mass Spectral Library）、碳氢化合物混合物的热物理性能数据库（NIST Thermophysical Properties of Hydrocarbon Mixtures Database）等 100 多个标准参考数据库，年销售量超过 6000 个单元，年下载数据量超过 1.3 亿，俄罗斯、日本、韩国等国家也相继开展标准参考数据库的建设工作（方向等，2023）。

（二）使能技术

在使能技术领域，特别是处理器芯片这一战略性产业，存在明显的发展不平衡现象。整体来看，关键技术主要集中在美国、日本、韩国、荷兰等国家。从芯片产业各核心环节来看，在芯片设计领域，服务器中央处理器（central processing unit，CPU）先进技术掌握在英特尔、超威、IBM 等领先企业中。英特尔在 2021 架构大会上提出，计划到 2030 年将服务器 CPU 的性能提升 1000 倍；现场可编程门阵列（field programmable gate array，FPGA）核心技术主要被美国赛灵思（Xilinx）、英特尔、美高森美（Microsemi）、莱迪思（Lattice）四大公司所垄断，现场可编程门阵列芯片已演进至 10 nm 工艺节点，逻辑单元规模达到 1 亿门级。在芯片制造领域，随着先进制程的持续演进，开发成本亦大幅增加，由此导致具备先进制程的厂商数量越来越少。截至 2018 年，具备 28 nm 以下先进制程技术的厂家主要为美国英特尔、格罗方德和中国台湾台积电、联电等 6 家企业。其中，中国台湾台积电于 2022 年实现 3 nm 工艺量产，预计于 2025 年下半年实现 2 nm 工艺量产；英特尔 1.8 nm 制程于 2025 年 4 月进入风险量产阶段。在电子设计自动化（electronic design automation，EDA）领域，来自美国的新思科技（Synopsys）、楷登电子（Cadence）和明导（Mentor Graphics，现为西门子 EDA）三家公司占据了全球大部分市场份额及关键核心技术。2023 年，新思科技发布的 Synopsys.ai 解决方案是目前全面涵盖设计、验证、测试和制造等电子设计自动化流程的人工智能驱动解决方案，在设计流程中导入具备人工智能辅助功能的电子设计自动化设计工具，使工程师能够通过深度学习与人工智能进行所有设计流程的优化，以此提升设计效益与产能，由此成功引领了电子设计自动化创新发展新趋势。

在微纳光子器件、超构材料与超表面、微波光子器件等方面，整体发展相对平衡，但仍以美国的器件研发和应用水平为国际领先，欧洲、日本和中国位列其后。微波频段超构材料在电磁波调控方面具有独特的优势，被应用于提升传统微波器件的性能。由于当前制造工艺的局限性，超透镜技术主要在红外波段应用，如在光谱仪和飞行时间（time-of-flight，ToF）模组中。随着半导体加工技术、纳米压印技术（nanoimprint lithography，NIL）及双光子微纳米3D打印技术在超透镜加工中的应用，这一局限有望被打破。例如，美国梅特兰兹（Metalenz）公司与半导体代工厂商联华电子合作，在消费电子、汽车和工业机器人市场推出下一代3D传感技术，已实现用于人脸识别的点阵投影器件和用于3D传感的超透镜大规模量产。在微波光子器件方面，美国昂科（EMCORE）公司、欧洲Optoprim公司推出了相对强度噪声＜-165 dB/Hz的高功率半导体激光器商用产品；美国EOSPACE公司开发出带宽110 GHz的电光调制器商用产品；德国海因里希·赫兹研究所（Fraunhofer Heinrich Hertz Institute，HHI）、日本电报电话公司（Nippon Telegraph and Telephone Corporation，NTT）推出了带宽＞110 GHz的光电探测器产品。在微波光子集成化功能组件方面，美国微波光子技术公司（OEwaves）、摩顿光子公司（Morton Photonics）和西班牙艾普罗尼克斯公司（iPronics）等推出了微型光电振荡器、集成可调光延时线、可编程光芯片等产品，并在无线通信、国防通信等领域得到了应用。

（三）应用光学

在光通信领域，光通信是以光信号为信息载体的通信方式，在电通信的基础上发展而来。2020 年 11 月 29 日，日本宇宙航空研究开发机构（Japan Aerospace Exploration Agency，JAXA）着手开发的日本数据中继卫星系统（Japanese Data Relay System，JDRS）发射升空。日本数据中继卫星系统是一种新的光学数据中继卫星，通过卫星间光链路和 Ka 波段馈线链路提供 1.8 Gb/s 的数据中继服务，以满足日益增长的高速数据传输需求。2022 年 5 月 25 日，美国发射太字节红外传输（terabyte infrared deliver，TBIRD）系统的 PTD-3 立方体卫星，太字节红外传输系统将展示美国国家航空航天局有史以来最快卫星激光链路，以 200 Gb/s 的速度传输下行数据。新的激光通信技术能一次发回 TB 级数据，这种转变就像从拨号上网切换成高速宽带网络。2023 年，日本开发出了新型分布式反馈（distributed feedback，DFB）激光器，可以在 10 km 范围实现 200 Gb/s 的传输数据速度。新研发的集总电极电吸收（electro absorption，EA）调制器 DFB 激光器，可以实现更远的传输距离。实验验证了集总电极 EA-DFB 激光器作为 800 G 以太网技术光源的潜力，可以实现 10 km 高速数据传输。2024 年，欧洲航天局计划发射深空光通信（Deep Space Optical Communication，DSOC）系统，对深空到地面的激光通信技术进行在轨验证，同时用于传输高分辨率的太阳图像。

在光学探测领域，新技术不断迭代发展、新应用不断涌现，为各个领域带来了更多可能性和发展机遇。2022 年 4 月，德国研制发射环境制图与分析计划卫星（Environmental Mapping and Analysis Program，EnMAP），其星载高光谱仪包括 0.42—2.45 μm 范围的 244 个波段，光谱分辨率随信噪比在 6.5—10 nm 区间可变，具有 30 m 的空间分辨率性能指标，可以对地球表面进行高精度的定量检测，提供与人类活动和气候变化相关的环境挑战所需的高品质高光谱数据，协助地球资源可持续管理。美国国家航空航天局于 2024 年 2 月发射搭载海洋水色仪（Ocean Color Instrument，OCI）的航天器，负责收集 0.34—0.89 μm 的紫外至近红外光，以及 0.94—2.26 μm 的短波红外光。海洋水色仪前端光学系统采用单像素旋转扫描仪、半角镜和透射式偏振器相结合的设计，实现对全球浮游植物分布和丰度的监测，海洋水色仪将成为美国国家航空航天局历史上最先进的海洋色彩高光谱成像仪。2023 年，美国的“标准-3”Block 1B 导弹采用基于 256×256 像素叠层双波段探测器的双色成像导引头，“大气层外杀伤器”（exoatmospheric kill vehicle，EKV）采用红外双色与可见光复合成像导引头，能够有效对抗带有大球、小球等多种诱饵的突防场景，且已进入装备应用。同年，美国“响尾蛇”AIM-9X 空空导弹采用 128×128 元锑化铟凝视焦平面导引头，探测器在 3—5 μm 波段工作，导引头具有 180° 的跟踪视场，目标截获距离在蓝天背景下为 13—16 km，具有攻击距离远、多目标选择瞄准和全向跟踪能力。2018 年，索尼推出 IMX250MZR 偏振传感器，每个微偏振片都有防反射层，且被置于微透镜和感光二极管之间，该结构能最大限度地减少不同方向偏振光的串扰。菲力尔公司（Forward-Looking Infrared，FLIR）和卢西德视觉实验室（Lucid Vision Labs）等将该偏振传感器集成到相机中，研发出了相应的黑白和彩色分焦平面偏振相机。

（四）感知技术

1. 传感器探测技术

传感器探测技术主要涉及传感原理、传感器件设计及传感器开发和应用，包括了物理、化学、生物、能源、通信、数据处理等多学科多领域在内的交叉融合。特别是近些年随着人工智能技术的快速发展，以及对微芯片需求的增加，智能传感微系统得到了各国的重点关注。从产业链角度来看，智能传感器产业上游主要涉及新型半导体原材料设计及生产技术，特别是半导体硅片成为智能传感器的核心材料，且需求持续增加。2020 年以前，全球半导体硅片市场主要被欧美国家的公司垄断。中游主要为微机电系统（micro electro mechanical system，MEMS）传感器制造技术。根据智研咨询发布的《2022—2028 年中国智能传感器行业市场深度分析及发展趋向分析报告》，2020 年，北美智能传感器产业占全球产业总量的 43.3%，欧洲占比 29.7%，日本占比 19.8%。美国硅谷以微机电系统工艺技术为基础，根据不同行业和功能的需求，开展了不同封装结构的各种传感器产品创新，解决了传感器作为“工业工艺品”的制造难题，已实现完全量产。下游主要是智能传感器应用技术，特别是在汽车电子、工业制造和消费电子领域。汽车电子是智能传感器的重要应用领域，随着新能源汽车的快速发展，智能传感器在汽车领域的应用将不断扩大。全球的芯片制造设备市场几乎被美国、日本和荷兰垄断，中国设备自给率仅为 10%（谭锐，2023）。

2. 信息处理及融合技术

信息处理及融合技术是感知的核心技术，其子技术主要包括计算机视觉技术、自然语言及语音处理技术和集群协同与融合技术等。近几年，随着以深度学习为核心的人工智能方法的发展，尤其是随着大模型技术的出现，服务于感知的信息处理及融合技术得到了飞速的发展。

首先，自然语言及语音处理是主要研究如何让计算机理解和处理人类语言的技术，也是最早应用于大模型的技术。具体而言，自谷歌 2017 年提出 Transformer 模型及 2018 年提出基于 Transformer 模型的双向编码表示（bidirectional encoder representations from transformers，BERT）预训练模型后，自然语言及语音处理技术就进入了大模型时代。经过 2017—2022 年 5 年的发展，自然语言及语音处理技术已经在包括情感分析、语义理解、阅读理解、语音识别等多个自然语言理解任务上逐渐形成大规模的产业化应用。2022 年，美国 OpenAI 公司推出了 ChatGPT，进一步将机器的文本生成能力提到了全新的高度，其相关技术可以广泛用于各种人机对话系统。之后，随着 ChatGPT 不断升级，相关产业如雨后春笋般蓬勃兴起。

其次，计算机视觉技术旨在让机器理解图像及视频类的感知信息，正在广泛应用于自动驾驶汽车、医疗保健及安全系统等。2012 年深度卷积网络 AlexNet 被提出后，计算机视觉进入了全新时代。2018 年，斯坦福大学的研究人员开发了一种名为“YOLO”的实时物体检测算法，首次可以在满足实时性的前提下实现精准的目标检测。2020 年，谷歌提出了 EfficientNet 新型卷积网络架构，该架构在一系列图像及视频理解任务上取得了最先进的结果，同时使用的参数比以前的更少。2021 年，美国 Facebook 公司（现名为 Meta）研究人员提出了掩码自编码（mask auto-encoder）图像预训练模型，首次使得 Transformer 模型超越了卷积网络的性能。至此，计算机视觉迈入大模型时代。

最后，与前面单一模态的感知学习技术不同，集群协同与融合技术实现了多模态的联合感知。2023 年，香港中文大学与上海人工智能实验室联合提出了当时全球性能最强的多模态大模型，无须配对感知训练数据就可以使模型在 12 个不同的模态上完成 16 个不同的感知任务。该技术不仅为当前多模态学习提供了强大的工具，也给多模态领域带来新的设计思路，使得机器更进一步迈向无限模态的感知范式。此外，为了突破协同感知技术仅局限于多个机器之间的情况，中国、美国、日本及欧洲等多个国家和地区都开展了人机交互式协同感知研究，在脑机接口及可穿戴式 AR 设备等方面已经成功实现了实验室论证。例如，2022 年，马斯克创立的 Neuralink 公司实现了使一只猴子用大脑控制虚拟键盘打字的技术，该技术 2023 年 5 月获得了美国食品药品监督管理局（Food and Drug Administration，FDA）的批准，可以帮助瘫痪人士用脑机接口操作计算机的光标和键盘。

（五）通信与网络

新一代通信网络将向空天地海一体化智能通信网络方向发展，这种空天地海一体化的深度融合，以及通信、计算、存储一体化的智能网络发展，将对卫星互联网产业链、5G 产业链及人工智能产业链形成极强的带动效应。其中，卫星星座系统正向规模化方向发展，大规模低轨卫星星座以日益凸显的国家战略地位和潜在的市场经济价值成为全球各国关注的焦点，从48颗（全球星，Globalstar）、60颗（铱星，Iridium）等小规模星座转向720颗（一网，OneWeb）、3236颗（Kuiper，柯伊伯星座）、12 000余颗（星链，Starlink）等大规模星座，组网能力逐渐增强。

随着航天电子技术的迅猛发展，宇航级计算、存储设备能力逐步增强，卫星网络正逐步向算力化发展。2018年美国国防高级研究计划局提出的“黑杰克”计划，采用的Pit Boss卫星载荷，具有自主控制和自主决策的功能，从而可以支持卫星之间的数据共享。随着星上算力的增强，卫星网络正向智能化方向发展，可利用星上算力支持星上自主管控及图像压缩、目标识别等智能应用。2022年，“天仙星座”首发星“巢湖一号”成功发射，搭载了基于宇航用商用现货（commercial off-the-shelf，COTS）器件打造的嵌入式GPU平台，为合成孔径雷达（synthetic aperture radar，SAR）卫星提供了高水平的星上算力，支持在轨进行图像压缩、目标识别、智能解译等工作。2024年1月，人工智能计算板卡星溪04Pro-B275搭载“泰景三号02星”成功发射，实现了领先的275TOPS超高算力，能够实时实现约6Gb/s的人工智能图像压缩和人工智能目标识别等流式处理，极大地提升了卫星影像获取的效率和应用服务的时效性。

在移动通信网络方面，中国、美国、欧盟、日本已进入5G商用化阶段；6G技术已进入研发阶段，预计将于2028—2030年实现商用，将以超功能、超区域、超精密、超空间、超智能、超信赖性能为基础，实现比5G高出10倍以上的性能。太赫兹频段提供了丰富而未开发的频谱资源，结合超大规模多输入多输出（multiple-input multiple-output，MIMO）技术的超高复用增益，使得通信系统能够有效缓解日益紧张的频谱资源和当前无线系统的容量限制。这种技术的融合使得通信系统的峰值传输速度显著提升，达到了100Gb/s至1Tb/s的水平，大大增强了数据传输的效率和速度。同时，通信时延也得到了显著的降低，仅为 0.1ms，为实时通信应用提供了更高的性能和更快的响应速度；通过采用通信感知一体化技术，结合太赫兹频段波束更窄、方向性更好的特性，通信系统能够更准确地探测和定位目标。此外，通信感知一体化技术还将不同类型的传感器数据整合在一起，通过融合多种传感器的信息，实现更精确的定位，使得室内通信定位精度达到 10cm，而在室外环境下也能达到 1m 的高精度定位；智能超表面技术与超大规模 MIMO 技术的结合使得通信系统具备了超高的可靠性，中断概率小于百万分之一，确保了通信的稳定性和连续性，大大提升了通信容量和覆盖范围，为大规模通信场景提供了可靠的支持。同时，智能全息无线电利用电磁波全息干涉原理实现了电磁空间的重构和调控，满足超高容量、超低时延无线接入，使得通信系统实现了超高密度的设备连接，每立方米可容纳过百个连接设备。

6G 通信技术将与人工智能和卫星通信等技术相结合，为通信模式带来革命性的改变。这种技术融合将进一步推动通信技术的发展和应用，为数字化社会和智能化生活带来更加便利和高效的通信体验。值得一提的是，华为提出了名为“NET4AI”的 6G 无线系统架构，采用面向服务的设计，支持两级学习框架，并提供“学习方法定制”这一增值服务。借助 NET4AI 架构，系统可以为基于网络的人工智能应用提供从部署到运营的端到端支持。在运营阶段，可系统协调人工智能应用和用户设备的人工智能计算模块进行匿名通信，完成人工智能计算（如模型训练、模型推理）。

（六）网络空间安全

在网络空间安全领域，以基础软、硬件安全为代表的产业关键技术均掌握在以美国为代表的少数国家手里。首先，美国国家安全局（National Security Agency，NSA）和美国国家标准与技术研究院研究和推广的加密算法，如 RSA（Rivest-Shamir-Adleman）算法、高级加密标准（advanced encryption standard，AES）、安全散列算法（secure hash algorithm，SHA）等，被广泛应用于政府通信、金融交易、电子商务、云计算等领域。美国在密码学研究和标准制定方面都处于领先地位，其主导和研究的加密算法在全球范围内占据领先地位。同时，美国目前还致力于研究量子加密算法、后量子加密算法等新兴技术，以应对未来可能的量子计算攻击。以色列的 CyberArk、Check Point Software Technologies、NSO Group 等网络安全公司在全球处于领先水平，其安全解决方案在政府、金融、军事等领域得到了广泛的应用，在攻防演练、红蓝对抗等方面积累了丰富的经验。同时，以色列以其强大的军事和情报力量著称，这为其网络安全产业的发展提供了坚实的基础和背景。

其次，美国在操作系统和数据库领域拥有着丰富的技术资源和领先地位，其开发的操作系统和数据库系统在全球范围内得到了广泛的应用和认可。在操作系统方面，美国的微软公司开发的 Windows 操作系统、苹果公司开发的 Mac 操作系统、以美国公司和开发者为代表维护的开源操作系统 Linux、谷歌公司开发的 Chrome 操作系统等几乎垄断了全球的操作系统。在数据库领域，美国的甲骨文公司（Oracle Corporation）开发的数据库管理系统 Oracle Database、微软公司开发的关系型数据库管理系统 Microsoft SQL Server，以及由美国公司和开源组织为主导开发和维护的 MySQL 和 PostgreSQL 开源关系型数据库管理系统是目前市场上被广泛应用的数据库管理系统。

再次，在网络安全其他软件领域中，美国和英国企业也处于领先地位。例如，美国的 VMware 企业为虚拟化技术提供了一系列成熟的解决方案，包括 vSphere 和 ESXi 等。其技术在服务器虚拟化、网络虚拟化和存储虚拟化等方面具有显著优势。微软的 Hyper-V 是另一个领先的虚拟化平台，为企业提供了强大的虚拟化功能，并与 Windows 操作系统紧密集成，为用户提供一体化的虚拟化解决方案。美国企业红帽（Red Hat）提供的基于内核的虚拟化技术在开源领域广受欢迎，其技术被广泛应用于企业级虚拟化环境中；在可信计算平台的研发上，美国的英特尔公司研发的 SGX 技术、超威公司研发的安全加密虚拟化（secure encrypted virtualization，SEV）技术，以及英国的 ARM Holdings 公司研发的 TrustZone 技术处于世界领先水平。

最后，在物理安全技术的研发上，美国的 IBM 公司在硬件安全方面提供了诸如加密芯片、安全启动过程等物理安全技术的解决方案；以色列的 Check Point Software Technologies 公司提供了防火墙、入侵检测系统等硬件安全解决方案，在全球各行业广泛应用；德国的半导体公司英飞凌（Infineon Technologies）在智能卡芯片、安全控制器、加密芯片等方面有着丰富的经验和技术积累。美国国家标准与技术研究院在硬件安全评估方法与标准的制定方面具有领先地位，其方法和标准被广泛应用于全球各类硬件安全项目中。

（七）计算技术

1. 体系结构领域

在体系结构领域，随着智能汽车、智能机器人、智能制造、智慧城市等标志性新兴产业的快速崛起，智能物联、泛在计算的时代正在到来。当前，泛在计算核心技术和产业标准尚处于突破的前夜，国际竞争十分激烈，计算模式的相关技术标准和产品体系长期由西方发达国家主导。在体系结构领域可以从以下关键维度分析领域工程科技发展状况与国际先进水平。

在超级计算能力方面，从全球排名角度看，依据全球超级计算机 500 强榜单[①]，中国、美国、日本等国家在超级计算机领域处于领先地位，拥有全球最快的超级计算机。中国在数量上具有一定优势[特别是 2018 年以来，联想高性能计算机台数在榜单中一直位居第一（数据截至 2024 年 12 月）]，美国在技术先进性上保持强劲竞争力，而日本、

① 详见 https://www.top500.org/。

欧洲等国家和地区也有若干高性能系统上榜。从技术指标看，在每秒浮点操作数（floating-point operations per second，FLOPS）、能效比、异构计算、冷却技术等方面，国际先进水平的超级计算机展现出极高的技术水平。例如，百亿亿次级超级计算机的研制标志着计算能力的新里程碑，而未来将向更高的性能目标迈进。

在计算芯片设计与制造方面，美国英特尔、超威和英伟达在CPU市场上占据主导地位；中国海思技术有限公司、平头哥半导体有限公司等企业在特定领域（如移动处理器、人工智能芯片）崭露头角；中国台湾台积电、韩国三星在先进制程方面处于领先地位，中国中芯国际等也在积极追赶。北京开源芯片研究院研制的高性能微处理器核心（“昆明湖”）每吉赫兹的SPEC CPU 2006性能评分达到15分以上。从专用集成电路（application specific integrated circuit，ASIC）与现场可编程门阵列角度看，在人工智能加速、数据中心、边缘计算等领域，专用集成电路（如谷歌TPU、寒武纪MLU）与现场可编程门阵列（如赛灵思、英特尔）得到广泛应用，国际竞争激烈，中国在专用集成电路领域有一定自主研发成果，中国科学院计算技术研究所探索了以晶圆级多芯粒实现通用计算的系统结构，能够以单晶圆供给千万亿次算力。

在量子计算方面，从硬件研发角度看，美国的IBM、谷歌，加拿大的D-Wave，中国的本源量子、国盾量子等公司在超导、离子阱、光量子等技术路线上均有重要进展。国际上已实现几十至几百量子比特的原型机，积极探索错误修正、大规模集成等关键技术。从软件与算法角度看，量子编程语言、模拟器、算法库等软件工具逐渐成熟，量子优越性实验（如谷歌的随机线路采样）展示了量子计算超越经典计算机的可能性。

在云计算与大数据技术方面，亚马逊AWS、微软Azure、谷歌云、阿里云等全球云服务商在基础设施规模、服务种类、技术创新等方面处于国际先进水平，中国云服务商在本土市场占据较大份额，并积极拓展海外市场。从大数据处理与分析角度看，Apache Hadoop、

Spark、Flink等开源项目成为大数据处理的事实标准，各国企业与研究机构在此基础上进行定制化开发与应用创新。

总体来说，全球计算技术领域的工程科技发展呈现多元化、竞争激烈的态势。美国在多个维度保持领先，我国在超级计算、人工智能应用、云计算等方面迅速崛起，形成与美国双雄争霸的局面，而欧洲、日本、韩国等国家和地区在特定领域亦有突出表现。各国都在加大投入，力求在核心技术、标准制定、产业链构建等方面取得竞争优势，推动计算技术的持续创新与广泛应用。

2. 系统软件领域

系统软件领域正在经历快速变革，在全球范围内展现出系统软件开发正趋向微服务架构的特点。这种架构能够显著提升模块化程度、可维护性和扩展性，利于快速迭代。

容器化技术（如Docker与Kubernetes）的广泛应用，提升了部署的自动化水平，优化资源管理，实现云原生环境高效运行。DevOps与AIOps文化的深入推广，加速了软件交付流程自动化，从代码集成、测试到部署监控，缩短周期，提升反馈效率，确保高质量软件快速响应市场变化。GitOps、Jenkins、Travis CI/CD等工具的普及，促进了持续集成与交付实践。

随着人工智能不断融入软件工程领域，自动化代码生成、智能测试、缺陷预测等人工智能辅助工具兴起（如GitHub Copilot）。这些工具减少了开发过程对人力的依赖，提升了开发效率，保障了软件质量。

量子计算软件栈与经典计算融合研究升温，如美国QISKit、欧盟量子互联网联盟（Quantum Internet Alliance，QIA）等，致力于量子编程语言、模拟器、算法库开发，探索量子优势应用，预期未来计算范式转变。环境友好型系统设计渐成趋势，绿色计算倡导节能、低碳，优化资源利用，如云服务碳足迹追踪工具，促进可持续发展。

国际合作方面，如国际能效中心（Energy Efficiency Hub）推动能效标准，共筑绿色信息技术基础设施。

综上，系统软件工程领域在国际先进水平引领下，正朝向更灵活、智能、安全、高效、绿色的方向迈进，不断革新传统开发运维模式，赋能数字化转型，迎接未来挑战。

（八）应用软件

在应用软件领域，单机应用、互联网应用、移动互联网应用等主要门类的基础技术标准和产品生态体系已十分成熟且长期由美国主导。随着泛在计算的兴起，在 5G、人工智能、大数据等关键技术的支撑下，面向万物互联的新型计算技术和应用软件正成为新的竞争焦点，但相关技术标准、核心软件和生态体系远未成熟，其中具有突出代表性并得到广泛关注和投入的方向如下。

在深度学习、强化学习、自然语言处理、计算机视觉等核心算法领域，中美两国引领全球研究潮流。大型科技公司（如谷歌、微软、百度、阿里巴巴等）及顶尖学术机构在基础研究与应用创新方面均有显著成果。从开源框架与平台角度看，TensorFlow、PyTorch、Keras 等开源人工智能框架由美国公司主导开发，广泛应用于全球科研与工业界。我国也推出了昇思（MindSpore）、飞桨（PaddlePaddle）等国产框架，逐步提升国际影响力。在区块链领域，相关技术不断突破，以太坊 2.0 性能得到持续提升，为安全、高效的数字信任技术提供了坚实基础。区块链密码算法、网络通信、共识算法、智能合约、跨链互操作性等底层关键技术的进一步发展，提供了强大的数字信任支撑。国际上以太坊区块链账户数量已超 2 亿个，其生态中的数字货币市场价值超数千亿美元。国内区块链在金融、政务、民生等领域开展大规模应用，基于区块链构建的供应链金融平台上年融资额超万亿元人民币。基于区块链的分布式数字身份技术，在区块链上存储用户身份信息，在保护用户隐私和安全的前提下，使每个用户都拥有一个唯一身份标识。这一标识可以在不同的应用和网络中使用，实现了身份信息的跨平台、跨应用管理，是数字信任的支撑性技术。国内外已有分布式数字身份相关项目超 200 个，国际上 IBM、微软等知名企业参与项目研究，国内公安部有关研究机构也在研发基于区块链的分布式数字身份（中国工程院“中国区块链发展战略研究”项目组，2023）。

Web3.0 作为下一代互联网平台，将以更为透明安全的方式连接信息世界、物理世界和人类社会，使现实世界与数字世界无缝衔接，拓展人类感知、理解与交互能力，带来众多行业的变革式发展。从面向 Web3.0 的先进计算与新兴软件前瞻布局来看，美国等西方国家由于起步较早，且政策环境的创新支持力度大，在虚拟数字内容制作技术、数字资产、隐私计算、工具研发等方面具有领先优势。在 Web3.0 支撑技术研发和应用方面，我国具有一定技术储备和应用场景积累，部分关键技术存在卡点风险。在 Web3.0 操作系统方面，苹果、微软均为各自的智能硬件定制研发了操作系统，具有虚实融合、低延时、支持原生应用等技术优势。在国内，现有的智能硬件产品普遍使用安卓系统，在自研操作系统方面尚存在短板，除华为和北京虹宇科技有限公司外，国内其他厂商均停留在应用开发阶段，缺乏对国产操作系统的自研投入。在 Web3.0 浏览器方面，国内外已有多款 Web3.0 浏览器。国外产品侧重区块链应用，国内产品侧重人工智能和虚拟现实。在虚实贯通的空间计算方面，国内在数字人等技术方面已达到世界先进水平，而人机交互传感方面国外优势明显，国内在系统研发方面与国际水平同步，现有数字孪生系统已能支持智慧城市、智慧工厂等应用。在数字资产智能制作引擎方面，美国 Unity、Unreal 平台是目前最成熟的商用图形开发平台，垄断了全球 90%以上的虚拟现实、增强现实应用开发。国内引擎软件尚未形成规模应用，在用户生态、应用支持等方面与美国尚有差距，整体处于跟跑态势，部分细分技术领域具有领跑优势，例如，北京航空航天大学研发的 BH_GRAPH 图形引擎，是我国最早具有完全自主知识产权且贯通建模、绘制与场景构建的大型 3D

图形平台之一。在区块链、智能合约、隐私保护、身份验证等领域，我国均已具备良好的技术发展基础。例如，根据中国信息通信研究院发布的《全球 Web3 技术产业生态发展报告（2023）》，截至 2023 年 6 月，全球 Web3 相关论文发表数量达到 1.2 万项，相关专利申请数量达到 1459 项，其中，我国的论文发表和专利申请数量分别占全球的 17% 和 25%，居全球领先地位。在去中心化计算方面，我国整体跟跑、部分并跑，国内外均尚未突破去中心化的计算与资源活化技术。

（九）智能与控制

在智能与控制领域中，目前国际先进水平处于智能无人系统阶段，且正在向自主智能无人系统迈进。自主智能无人系统是一个新兴的跨学科领域，它是依靠大数据和人工智能来创造具有集成任务、运动规划及决策、推理能力的无人系统，具有自主性、智能性和协作性等特征（Gao et al.，2023）。作为新一代人工智能的核心，自主智能与无人系统技术融合智能控制、自然人机交互的数字孪生等技术，依托无人系统多体协同设施，耦合网络空间、物理空间和信息空间，实现人-机-物三元融合与一体化安全，并将在工业互联、智慧农业、数字城市及社会治理等领域中促进社会经济发展和人类社会进步。同时，具身智能（embodied intelligence，EI）作为智能与控制领域的前沿和热点，旨在突破传统人工智能在“行”与“控”方面的局限，研究开发用于模拟、延伸和扩展人类“感知-决策-执行”一体化智能的理论、方法、技术及应用。现有人工智能系统难以适应现实世界，是因为其学习模式为“旁观学习方式”，具身智能通过与环境产生交互，并通过自身的学习，使得智能体产生对客观世界的理解和改造能力。

自主智能无人系统可以在没有或有限的人工参与的情况下完成通用任务，典型自主智能无人系统包括自动驾驶汽车、智能制造机器人，以及用于陪伴或安慰的机器人等（Chen et al.，2022）。具体来说，在系统设计层面，先进的自主智能无人系统设计技术主要以特斯拉（Tesla）、谷歌自动驾驶、SpaceX、华为等企业占领先地位。例如，特斯拉在自动驾驶领域引领了全球趋势，提出了全自动驾驶（full self-driving，FSD）概念，其基于重构后的底层算法，采用纯视觉技术路线初步实现了城市自动辅助导航驾驶（navigate on autopilot，NOA），并针对不良天气影响、无保护左转等进行不断升级优化。年度平均接管里程（miles per intervention，MPI）是衡量自动驾驶水平的核心指标。根据美国加州交通管理局发布的 2022 年全年自动驾驶数据，年度平均接管里程表现最好的前 10 名公司中，美国有 5 家，中国有 4 家，德国有 1 家，其中前 5 名分别为克鲁斯（Cruise，美国）、安途（AutoX，中国）、Zoox（美国）、文远知行（WeRide，中国）、滴滴（Didi，中国）（李晓华，2023）。在无人飞行器和机器人技术方面，关键技术主要由美国的亚马逊、波士顿动力（Boston Dynamics）、自由机器人，以及我国的大疆创新等领先企业掌握。例如，亚马逊发布的全自动仓储机器人 Proteus，可以减轻员工的工作量并加快包裹处理与送货的速度。相较于它的前身 Kiva 配送机器人，Proteus 机器人拥有更先进的安全性、视觉感知和导航技术。过去 Kiva 只能被局限在特定的无人区域工作，但 Proteus 可安全地在人群中穿梭、工作，而无须被限制在特定区域。波士顿动力因其在机器人技术方面的突破性创新而闻名于世。例如，Atlas 双足人形机器人是基于波士顿动力公司早期的 Petman 人形机器人开发的，其共有 4 个液压驱动的四肢，拥有 28 度的自由度，并配备了 2 个视觉系统（激光测距仪和立体照相机）。Atlas 身体内部及腿部的传感器通过采集位姿数据使其保持身体平衡，头部的激光雷达定位器和立体摄像机可以使 Atlas 规避障碍物、探测地面状况，以及完成巡航任务。与此同时，具身智能已成为全球学术界和企业的重要研究方向之一。2019 年和 2020 年美国国家科学基金会联合多个政府部门发布两次计划，旨在推动具身智能的应用。美国国家科学基金会在 2021 年要求将 8.68 亿美元资金用于与人工智能相关的方面（徐凌验，2023），并提到智能系统通过具身化作用于世界。目前，国内外在具身智能机器人领域的产业化已取得了一定的进展。随着具身智能的发展，跨模态大模型应用于机器人的案例不断出现，各行各业、各种形态的机器人有望持续涌现。具身智能在工程应用中具有广阔的前景和巨大的价值，可以赋能生命科学、智能制造、城市治理等多个重大领域。研究具身智能技术对于推动我国经济社会的发展具有重要意义。

第二节　面向 2040 年信息与电子领域工程科技发展趋势及影响

信息与电子领域作为研发投入最集中、创新最活跃的科技领域之一，整体呈现智能化、高端化、融合化、非线性发展态势。随着信息与电子领域各技术方向在既有赛道持续快速进步、向更高水平发展，其将对经济社会产生广泛而深远的影响。伴随着以测量、使能等为代表的领域工程基础技术不断夯实，探测与感知技术、通信与网络、应用软件等关键技术领域持续集成化、智能化、多元化发展，将实现为更多领域赋能。在部分颠覆性技术趋向成熟并逐步走向全域化应用的趋势下，信息与电子领域将全面增强辐射带动作用，推动经济社会发展进入更加智能、高效的新阶段。

一、共性基础技术供给不断完善，实现多领域、多元化赋能

测量技术领域向数字化、网络化、智能化变革。超精密制造是信息与电子领域发展的底层支撑和硬件基础。随着 SI 量子化变革，以量子计量基准为核心的新一代计量体系使量值传递链条更短、速度更快、测量结果更准更稳。超精密测量仪器的数字化、网络化、智能化升级和嵌入式、芯片化形态变革，必会极大促进先进制造业的发展，

推动以探测感知、通信网络、智能控制为代表的信息与电子领域的技术演进和性能跃升。测量新原理、新技术、新方法不断取得突破，研制关键核心测量部件、高端测量仪器，建立关键参数测量标准，不断满足极高分辨、极值量程、极端环境的测量需求，为量子信息、空间天文、生命健康、环境能源等前沿探索和基础研究提供先进测量支撑，持续提升最高测量能力。

使能技术将向基础化和多元化方向发展，实现为更多领域赋能。芯片特征尺寸将进一步缩小，新一代芯片技术将不断涌现，纳米和亚纳米芯片技术、光子芯片技术、碳化硅芯片等将成为芯片领域发展的新动能，超材料与超构表面器件技术、微波光子技术等新型微纳光子技术将应用于更多领域。

二、光学探测感知技术聚焦集成化、智能化、多用途发展

光学探测向集成化、智能化、高性能、多元化方向发展。光电成像产品在安防、民用和军用中的广泛应用，对光学成像模组的分辨率、功耗、体积和价格提出了新的要求，以更大面阵规模、更小像元间距、更小封装体积、更高集成化为主流发展方向。光电传感器要求具有保密性高、传输距离远、抗干扰性强、自适应性强、通信功能好等特点，因此智能化是光电传感技术发展的必然趋势。光电探测器的性能需要进一步提升，能获取多谱段、高性能的探测系统逐渐成为主流。

感知技术呈现高精度、集成化、多用途的发展趋势。同时，结合量子技术实用化、能量与信息传感融合研究的推进，对空间、海洋、陆地等复杂环境条件下目标综合识别、隐身目标探测、信息获取与传输、智能感知、仿生感知、量子雷达、无线能量传输、微弱电场接收关键技术等的研究，将成为下一步发展重点，也是当今世界发达国家所布局的高技术领域的重点之一。

三、网络云化逐步深入，网络空间安全向数字安全不断外延

光网络、移动通信、未来网络的演进趋势将呈现广域覆盖、超高带宽、智能泛在的趋势。在数据应用总量几何级增长的需求下，网络体系架构亟待创新，信息数据采集、传输、处理、存储面临巨大挑战，通信与网络体系建设重要性尤为突出，天地一体化信息网络、智能泛在网络、6G 通信、太赫兹技术、水面及水下通信导航及海洋信息系统建设、通信感知一体化等技术将引领全球通信与网络技术发展前沿。

网络空间与国家基础设施融为一体，信息化提升对国家重大基础设施起到重要的保障作用。当前，面向网络安全攻防趋势，网络攻击方将逐步提升自身技术能力，网络攻防对抗趋势更加激烈。尤其是数字经济时代，网络安全加速演进并迈入新阶段，数字安全体系初具雏形，逐渐成为保障数字化发展的新引擎。

四、超级智能计算交叉融合发展，软硬件开源、智能、泛在化

超级计算、智能计算、绿色计算、安全可信计算将竞相发展并交叉融合。未来计算领域，超级计算的极致性能追求、智能计算的高效理解力、绿色计算的环保节能，以及安全可信计算的可靠保障，四大板块并非孤立发展，而是呈融合趋势。超级计算依托强大算力，为智能算法提供动力源泉，使机器学习、深度学习等技术更高效地解决复杂问题；智能计算反哺超级计算，优化资源调度，提升算力运用效能；绿色计算理念融入二者，致力于减少能耗、利用可再生能源，确保计算可持续；安全可信计算贯穿全程，加密技术、零信任架构确保数据与操作的隐私、完整、防篡改，于各层次构建安全基石。诸计算方向相辅相成，交叉融合，共同塑造未来计算新生态。

开源软硬件生态成熟度不断提升。随着智能物联、泛在计算时代的到来，新一轮处理器生态主导权之争已经开始，处理器芯片规模将达到千亿颗以上，算力基础设施自主化需求上升。对此，开源是打破生态垄断的有效方式，基于可靠的、高性价比的国产工艺，构建可控的、开放的开源芯片技术体系，实现基于开源电子设计自动化工具完成开源处理器芯片设计的闭环，打造开放的芯片敏捷设计平台，降低芯片设计门槛，促进芯片产业创新创业，打造以RISC-V为代表的国际共建共享的开源处理器软硬件生态。

操作系统将深度融合机器学习、深度学习等技术，形成智能操作系统。这类系统不仅能根据用户行为自动优化性能和资源分配，还能预判用户需求，提供更为个性化、情境化的服务。人工智能驱动的自我修复与功能优化将显著提升系统的稳定性和效率。面对物联网设备的爆炸式增长，操作系统将进化以支持大规模设备管理、低延时通信和边缘计算。未来的操作系统将具备更强大的数据处理能力，直接在设备端完成数据分析和决策，减少云端往返，增强实时性和安全性。同时，为了适应多样化的硬件平台，操作系统将采用模块化设计，实现跨平台兼容和灵活部署。操作系统将更紧密地与云服务结合，提供无缝的云原生体验。这包括对容器化和函数即服务（function as a service，FaaS）的原生支持，以及在操作系统层面优化资源调度和管理，实现应用的快速部署、弹性伸缩和跨云迁移。尽管量子计算尚处于初级阶段，未来的操作系统将逐步集成量子计算接口和工具集，为即将到来的量子-经典混合计算时代奠定基础。这要求操作系统具有高度的灵活性和可扩展性，能够同时管理经典与量子资源，支持量子算法的执行与优化。在数据泄露和网络攻击频发的今天，操作系统安全成为核心关注点。未来，操作系统将内置更为先进的加密技术、零信任安全模型和主动防御机制，确保数据的端到端安全，同时尊重用户隐私，提供透明的数据处理和权限管理。随着全球对可持续发展的重视，操作系统设计将纳入能源效率考量，通过优化资源使用、支持节能模式和环境感知功能，降低信息技术领域的碳足迹。

大数据的兴起极大地促进了虚拟现实、人机交互、新媒体等系统软件的发展，并为其智能水平的提升创造了前所未有的机遇。虚拟现实将成为未来物理世界与虚拟世界贯通的核心技术，并日益成为各行业升级换代发展的支撑平台、虚实融合新型社会形态演进和数字经济发展的强大引擎。“虚拟现实2.0”是破解国际虚拟现实共性发展瓶颈的重要机遇与国际前沿，实现从3I虚拟现实（1.0）到6I虚拟现实（2.0）的跨越，从而引领虚拟现实和混合增强智能发展与应用，具有重大前瞻性意义。人工智能、物联网技术与自动化融合赋能传统产业，实现自动化发展及产业转型升级。随着处理特定领域、特定任务的专用型应用软件能力的逐步增强，多种工业机器人将被应用于现代化工业生产，机器人的动作种类和精细控制程度不断提升，环境适应能力增强。

应用软件向智能化、泛在化发展。智能化和泛在化是下一代软件生态的核心特征。应用软件的智能化是当前的一个重要趋势，人工智能技术特别是大语言模型在软件的开发和应用中展现出了极大的潜力。一方面，智能化的软件开发技术将有效加快软件开发过程的自动化，提升开发效率和保障软件质量。另一方面，应用软件通过人工智能技术，能够帮助用户在复杂场景下做出更智能的决策、优化各种任务和流程、减少人工干预和错误，以及提供智能的个性化体验。同时，未来应用场景也要求应用软件具备泛在化的特点。传统网络化、服务化的应用软件构建方法、工具和标准难以适应未来应用场景对“马赛克”式软件基础设施的能力要求。构建具备跨云边端无缝运行、开放柔性集成、持续敏捷演化等核心能力的应用软件，确立并实施相关核心标准，是实现万物互联、人-机-物融合、软件定义一切的关键技术基础和应用软件未来发展的重大趋势，将成为催生新型泛在计算应用生态，定义智能汽车、智能机器人、智慧城市等标志性新兴产业形态，加速产业经济转型升级和社会组织进化变革的核心驱动力量。

五、人机混合智能不断演进，自主智能水平持续迭代优化

人工智能应用技术从过去追求的“用计算机模拟人工智能”向多学科交叉融合解决领域智能化发展问题的“人工智能+”方向转化。在原创性新技术持续推进，以及人机交互终端数量呈指数级增长的趋势下，关键核心技术向智慧化演进，逐步实现自主、自动、自治。

随着信息产业的“第三次浪潮”物联网的广泛应用，智能可穿戴系统将在人类与机器合作融合之间架起有效桥梁，构建以能传合一节点为基础，以能源传感网、通信控制网、博弈决策网“三网合一”为纽带的智能可穿戴人体与环境信息感知系统。在复杂场景下，通过主动全域感知技术，精准智能认识与控制技术，显著提升人类有限的感知能力与执行能力，并通过协同探测与感知外部复杂环境自主控制智能设备的状态，达到更好地服务人类的目的。

智能与控制领域目前正在由智能控制走向自主智能。自主智能是控制、计算机、通信、机械、材料等多学科的交叉技术，以自主性和智能性为重要特点。自主智能将在空间上广泛分布的系统有机连接起来，自发形成多系统在时间、空间、模式、任务等多维度上的有效协同和稳健运行，形成目标感知、跟踪识别、自主控制、智能决策、协同优化和效能评估的完整链条。自主智能的发展将深刻改变人类社会生活。预计到2040年，先进自主智能系统将能够适应各种不同任务和不同条件（如气候和地形），具备广泛的军事应用前景，包括空中、地面、水面和水下运载器，以及异构系统和自主蜂群。随着计算机视觉传感技术和雷达技术的发展，先进机器人和自主系统的推进、精确起降和导航能力都在不断进步，将在情报监视侦察方面发挥更大的作用。

六、虚拟空间量数可信溯源，数字信任体系不断完善

数字技术革命向新一轮繁荣周期演进，数据产生并扩散到经济社

会各个领域，展现出大科学、定量化趋势，数据驱动的技术研发和应用创新能力将成为国家的长期竞争优势。但随着数据战略价值的凸显，数据也成为全球网络安全“重灾区”，数据安全热度持续上升，在全球智能化发展中地位特殊。新一代密码技术、网络虚拟身份管理、可重构网络空间体系安全等前沿技术将持续突破，满足合规和利用双重需求、与业务场景紧密结合的新型数据安全技术成为重要发展方向，数据安全治理和数据风险评估被持续关注并广泛使用。

虚拟空间量数可信与量值溯源技术能有效解决物联网和大数据背景下的数据溯源和数据信任问题。该技术以SI数字框架为核心，通过开发机器可读的计量语言与计量云平台等数字计量基础设施，逐步实现机器互联，是实现人工智能向机器智能跨越的关键技术之一。计量的发展重点之一就是开发全球数字化计量基础设施，对SI数字框架的可追溯性将直接嵌入测量仪器中，从而缩短溯源链，降低测量不确定度。SI数字框架将允许更多的信息以数字方式表示，不仅是测量结果，还包括被测量的系统、测量过程，以及与测量结果相关的数据、模型、软件。该框架将提高机器的可读性，允许用户和机器评估数据集的来源，具有可追溯性和适用性，并能够运用知识推理、机器学习和人工智能等工具创造新知识。

万物智联、信联时代的经济社会活动高度数字化。相较于传统社会信任机制依赖第三方的信任背书，以区块链为代表的数字信任技术相关应用软件能实现不依赖第三方、基于算法和技术的数字化信任体系，并保护数据的安全和隐私，确保数据跨境流动安全，推动数字金融产品和市场的合规建立和有效监管，可用于构建未来数字化经济社会发展的核心基础设施，并可对现有的互联网产生颠覆性变革。

第二章　2040年中国信息与电子领域科技和社会发展愿景及需求

第一节　2040年中国信息与电子领域经济社会发展预测及需求

党的二十大报告提出了我国全面建成社会主义现代化强国的战略安排。我国的发展战略目标和重点将进一步聚焦在从2035年到21世纪中叶把我国建设成为综合国力和国际影响力领先的社会主义现代化强国。届时，我国将建成现代化经济体系，形成新发展格局，经济实力、科技实力、综合国力大幅跃升，基本实现新型工业化、信息化、城镇化、农业现代化及国家治理体系和治理能力现代化，党的二十大报告提出的中国式现代化也将取得决定性进展，在人民共同富裕、物质文明和精神文明相协调、人与自然和谐共生的大背景下，经济和社会发展体制模式发生较大变革，人们的生产生活将发生深刻变化。

到2040年，我国将跃升为世界科技强国，实现高水平科技自立自强，进入创新型国家前列。在新型举国体制下，在众多领域突破经济社会发展和国家安全的关键核心技术瓶颈。信息与电子领域工程科技作为和经济社会联系紧密、作用直接且效果显著的科学技术，将带动以数字化、网络化、智能化、无人化为特征的信息化浪潮广泛渗透到各行各业，尤其是在驱动科技创新范式深入变革的同时，以强大的跨领域融合能力持续催生新兴技术及未来产业发展，全面赋能人们的社会生产生活。由此，在面向2040年我国建设世界科技强国、网络强国、数字中国、世界一流军队的重大发展战略需求驱动下，以及推动信息与电子领域自身可持续高质量发展的要求下，信息与电子领域工程科技创新与发展面临的主要任务是突破关键核心技术，提高产业整体竞争力，全面服务中国式现代化建设及国家安全发展。

一、面向建设科技强国战略需求，强化信息与电子技术在创新发展中底层支撑与融合发展作用

党的二十届三中全会指出，当前和今后一个时期是以中国式现代化全面推进强国建设、民族复兴伟业的关键时期。习近平总书记在 2024 年全国科技大会、国家科学技术奖励大会、两院院士大会上的讲话中指出，“必须充分认识科技的战略先导地位和根本支撑作用，锚定 2035 年建成科技强国的战略目标，加强顶层设计和统筹谋划，加快实现高水平科技自立自强”（习近平，2024）。信息与电子领域作为大国竞争战略必争要地，其发展水平已成为衡量一国科技实力的关键因素。实现信息与电子领域关键核心技术的突破，提高自主创新能力及产业链整体竞争力，是我国实现高水平科技自立自强不可忽视的关键一环。

在此基础上，前沿信息技术的加持能够为科技创新提供强大的工具支持和更加便携、高效的平台支撑，在高性能计算、大数据分析及机器学习等技术的赋能下，科研进程不断加速，科研人员通过远程协作实现数据、资源共享，提高研发效率。同时，信息技术不断被应用到生命科学、生物科技、能源领域中，不断深入推动各领域交叉发展，催生了众多新兴领域和交叉学科，提高了各领域科技创新的速度和效率及科技创新的质量和水平，拓宽了科技创新的视野和范围，对提升国家创新体系整体效能具有重大意义。由此，要实现高水平科技自立自强，还要充分发挥信息与电子领域作为创新发展先导力量的驱动作用，亟须在实现自身技术不断快速迭代、向前沿突破的同时，全面推动领域前沿技术前瞻性、引领性布局，实现全域化、多元化的应用，持续赋能领域交叉融合发展，为各领域科技创新提供强大动力。

二、应对数字化时代发展要求，强化信息与电子领域赋能发展能力，助力数字经济高质量发展

数字资源、数字经济对新时代经济社会发展具有基础性作用，对于我国构建新发展格局、建设现代化经济体系、构筑国家竞争新优势，实现高质量发展意义重大。党的二十大报告明确指出，加快发展数字经济，促进数字经济和实体经济深度融合，打造具有国际竞争力的数字产业集群。面向我国建设网络强国、数字中国的战略目标，信息技术以其极强的渗透性、广泛的应用性及高度的行业覆盖性而成为支撑其他领域发展的底层技术基础和赋能推动力量。提高信息与电子领域的跨领域融合发展能力，有利于推动传统产业转型升级、促进新兴产业发展，从而助力数字经济发展、数字中国建设。

一方面，从推动传统产业转型升级来看，在通信网络、先进半导体、边缘/云计算等前沿技术的推动下，随着智能化、综合性数字基础设施完成新一轮优化升级，企业将能够以更低的延迟方式快速访问海量高质量数据，或通过工业虚拟世界优化测试、生产流程，缩短产品交付时间，从而深入推动更多企业实现数字化转型及传统产业转型升级，提高生产效率，实现资源配置优化，赋能高质量发展。另一方面，从促进新兴产业发展方面来看，以云计算、大数据、物联网、人工智能为代表的前沿信息技术成为助力经济发展的重要支撑。随着5G/6G、物联网、区块链等前沿技术的不断成熟和普及，信息与电子技术将全面融入社会经济发展，持续催生新产业新业态，并推动数字经济渗透到各个行业和领域。例如，在物联网技术的全面普及和多元应用的背景下，人-机-物之间实现互联互通，通过数字化工厂、柔性生产线、机器人等技术的应用，实现高效、精准、柔性的生产，推动智能制造和未来制造成为主流，推动经济持续发展。

三、满足数字化、智能化社会发展需求，加强信息技术对打造未来社会发展新形态的支撑能力

当前，以数字化、网络化、智能化为特征的信息化浪潮方兴未

艾，推动未来社会向数字化、智能化全面转型，加速形成新型社会形态。例如，随着数字基础设施的全面完善，信息传输速度不断加快，网络覆盖率全面提高，信息获取、共享与交流呈现实时化、高效化，信息成本大大降低，在线关键社会公共服务将更加普及和完善，更多虚拟公共服务出现等，这将深刻改变人们的生活方式，提升生活便捷度；未来数字社会将进一步增强客观物理世界与数字虚拟世界的融合，呈现虚实共生的社会发展新形态。

为此，要满足未来社会新型发展趋势，对信息与电子领域技术的发展提出了全面要求。例如，需借助信息通信技术、物联网技术的快速发展，推动解决劳动力不足、能源短缺等各类社会问题；全面推动激光雷达、智能感知、协同感知等关键技术的发展，以实现其在智慧交通、智能家居、智能制造、智慧农业、智慧医疗等社会生产生活中的应用；推动算力网和数据中心的不断发展，以为远程医疗、在线教育、自动驾驶、虚拟现实等领域提供高通量、低延时、低能耗、高可靠、低成本的高质量服务。

四、面向国家安全发展重大战略需求，全面提升信息与电子领域对国家安全发展的保障能力

国家安全是中国式现代化行稳致远的重要基础，信息与电子领域不仅是推进国家安全体系建设和能力现代化的基础，也是全面贯彻总体国家安全观、保障国家安全发展、提升国防建设信息化智能化水平的关键所在。第一，发展信息与电子工程科技是我军基于网络信息体系的联合作战能力、全域作战能力实现显著提升的必要条件和基础，加快推进联合作战指挥体系建设，提升联合作战指挥能力，确保我军能打仗、打胜仗，要求必须大力优先发展信息与电子技术。第二，发展信息与电子领域工程科技有利于构建联动高效的国家安全防护体系，推进国家安全体系和能力现代化，推进国家安全科技赋能。第三，数据安全、网络安全对经济社会稳定运行、国家安全的影响愈发

重要。随着算力网络、云计算、量子计算等新兴技术的兴起，网络空间安全将成为经济社会发展的重要保障。未来各国围绕网络空间发展主导权、制网权的争夺将更加激烈，网络安全威胁和风险将更加突出，并向政治、经济、文化、社会、生态、国防等领域传导渗透。对此，亟待突破感知、网络安全等领域的关键技术，形成安全产品，以筑牢筑深安全防线、保障国家安全发展。

第二节 2040年中国信息与电子领域经济社会及科技发展愿景

基于2040年我国重大发展战略需求，信息与电子领域工程科技必须坚持面向世界科技前沿、面向经济主战场、面向国家重大需求、面向人民生命健康，加快实现信息与电子领域高水平科技自立自强。以国家战略需求为导向，突出关键共性技术、前沿引领技术，加强基础研究，集聚力量进行原创性引领性信息与电子领域工程科技攻关，加快实施并突破一批具有战略性全局性前瞻性的国家重大科技项目，全面提高多维度跨领域融合发展能力及对国民经济、国防领域的支撑能力。

一、共性基础领域

面向未来，我国将自主研制一批融入制造场景、嵌入制造装备、直接溯源至物理常数的计量仪器，建成新一代基于常数化定义的国家计量体系；面向工程科技共性基础，研制一批数字化、网络化、智能化的超精密测量仪器，建成新形态工业测量体系，以泛在、实时测量数据支撑制造质量提升，逐步解决硅基芯片国产化问题，在光量子芯片、碳基芯片、超表面与超材料等下一代信息处理领域充分用好后发优势，推动我国工程科技全面从中低端跨越到中高端，实现“制造强国”“质量强国”“数字中国”的目标，助力经济社会全面实现数字化、智能化转型。根据发展程度的不同，共性基础领域发展愿景如表 2-1 所示。

表 2-1　共性基础领域发展愿景

愿景类型	愿景描述
稳健型	基本建成以量子计量为核心的国家现代先进测量体系，高质量推进芯片安全发展，逐步解决芯片国产化问题，集成电路产业链由数十纳米向几纳米制程逐步逼近，在工业制造、深空探测、生命健康、国防安全等重点领域基本实现数字化、智能化转型
积极型	建成以量子计量为核心、科技水平一流、符合时代发展需求和国际化发展潮流的国家现代化先进测量体系，在光量子芯片、碳基芯片、超表面与超材料等下一代信息处理领域进入国际先进水平，推动我国工程科技全面从中低端跨越到中高端，实现“制造强国”“质量强国”“数字中国”目标
进取型	以超精密测量为代表的共性基础技术取得颠覆性突破，全面解决高端芯片国产化问题，实现芯片全产业链安全，建成智能化测量、制造体系，全面实现万物互联

二、探测与感知技术领域

在未来实现更加精准、高效、智能的空间探测和感知能力，以满足人类对宇宙的探索和利用需求。发展高分辨率的光学成像技术，实现对空间目标的精准成像和监测，为科学研究、资源勘探和环境监测提供更加详细的数据支持。结合人工智能、机器学习等技术，实现对大规模空间数据的智能化处理和分析，提取关键信息、发现隐藏规律，为科学研究和决策提供更加准确和及时的支持。发展自主导航和遥操作技术，提升空间探测器和机器人的自主化探测与操作能力，提高探测效率和适应性，降低人力介入成本和风险。研发可重复使用的空间探测器技术，降低发射成本和资源浪费，提高空间探测任务的执行效率和经济性。应用光学空间探测技术监测地球生态环境变化、资源利用情况等，为环境保护、资源管理和灾害预警提供科学依据和技术支持。光学空间探测与感知技术将能够在解开宇宙奥秘、保护地球环境、探索外太空资源等方面做出重大贡献，推动人类社会的进步和发展。探测与感知技术领域发展愿景如表 2-2 所示。

表 2-2　探测与感知技术领域发展愿景

愿景类型	愿景描述
稳健型	光电探测器的性能将持续提升，空间探测技术的革新与突破促使探测器逐步向小型化、智能化方向发展，集成度和响应化程度也将提升到新的水平，从而推动光电产业链的优化与升级，实现应用光学探测全领域的拓展。通过光电子与微电子融合，不断提升微型智能芯片的算力。融合先进的通信、传感、计算及智能等多个领域技术，大力发展通感一体化技术。不断提升智能化方法的自适应和自学习能力，从而增强探测感知方法的稳健性与泛化性
积极型	积极发展光电探测领域推动科技进步，促进相关领域的交叉融合和技术创新，提升国家整体科技水平；提高光电探测技术集成度，实现更高效的信息处理和传输；催生新的光电探测创新产业，为经济结构转型和升级提供动力。探测感知对象逐步走向深空，瞄准月球、火星和小天体，在新体制的推动下，提升主动探测手段的探测距离。发展多探测器、多任务的协同探测感知技术，实现智能化、网络化、绿色化的深空探测
进取型	设计研发全新的光电探测器结构，突破先进的制备方案，打破现有技术的限制，实现探测器性能的全面大幅提升；将光电探测器与集成电路、人工智能等技术深度融合，实现智能化探测和控制，提升探测系统的整体性能和智能化水平。全力发展以基座大模型为软技术核心的多模态具身智能感知技术，通过跨学科的融合，研制微型化和低功耗的探测认知一体化智能芯片，全面实现智能化和自动化

三、通信网络及其安全领域

到 2040 年，全面实现空天地海一体化算网融合可再生通信，实现网络“时空无限、智慧服务、孪生管控”的总体愿景。以“双碳”目标需求为导向，全面突破超低能耗原生绿色的通信和网络系统，强化对电磁环境的操控能力，形成低时延可再生的自组织网络新范式和新能力。颠覆传统网络安全防护体系，形成面向未来智能网络的自适应、自修复、自增强等的安全防护体系，解决卫星互联网、车联网、工业互联网等智能网络系统安全问题，为有人无人协同、无人作战、人机协同、机器协同等提供安全保障。通信网络及其安全领域发展愿景如表 2-3 所示。

表 2-3　通信网络及其安全领域发展愿景

愿景类型	愿景描述
稳健型	环境与空间感知分辨率稳步提升；在下一代移动通信（6G 技术）、新型网络架构与基础传输理论、第 6 版互联网协议（internet protocol version 6，IPv6）、全光通信、光网络、海洋信息网络体系等关键技术上实现研发突破，布局和构建更加强大的通信与网络基础设施

续表

愿景类型	愿景描述
积极型	在空天地海一体化算网融合新型架构下，推动环境与空间感知分辨率达到国际先进水平，探索网络通信及其安全的本源问题，探究网络安全保障的新范式。颠覆现有网络体系演进式堆叠修补发展范式，构建全域绿色覆盖、甚大容量接入传输、柔性可重构网络、内生智能与安全的新型网络；颠覆"兵来将挡，水来土掩"的安全防护体系模式和层层加码的纵深防御策略，扩展全维感知、精准打击的现代防御战法；构建可证明、可组合、自适应、自增强、自学习的安全基础理论和保障体系
进取型	建成先进的空天地海一体化通信网络，环境与空间感知分辨率达到国际领先；强化对电磁环境的操控能力，形成低时延可再生的自组织网络新范式和新能力。深度变革传统网络安全防护模式，构建完善的智能网络协同安全基础理论和协同安全保障体系，实现跨层跨域组合安全、云网端协同安全、通感算融合安全、任务规划与执行安全等

四、计算、软件、智能与控制领域

全面突破精密集成电路制造、存储墙、编程墙等技术屏障，攻克量子比特制备、量子化测量、纳米级集成电路、三维多功能微纳系统、高密度现场可编程门阵列、新型非易失性存储器等技术难题，实现算力 1000 倍以上、计算能效比 100 倍以上的提升。各类处理器和存储器等芯片及系统软件和工业软件基本实现自主化、智能化、绿色化、安全化。发展云边端一体的泛在化软件技术、标准和生态，培育领域数智化平台、应用、服务，夯实数实融合技术底座，加速数字化、智慧化赋能产业、经济、社会发展。逐步在智能与控制技术和应用、智能与控制基础理论和应用的各个方面取得重大突破，形成全体系优势，达到世界领先水平。计算、软件、智能与控制领域发展愿景如表 2-4 所示。

表 2-4　计算、软件、智能与控制领域发展愿景

愿景类型	愿景描述
稳健型	立足当前工艺水平，通过体系结构创新和"东数西算"等方法，实现算力 1 个数量级以上有效供给，能效比有 1 个数量级的下降。发布应用软件泛在化、智能化运行基础设施标准体系和参考架构，构建若干区域性乃至全国性的应用软件泛在化、智能化运行公共服务平台，为普惠性的数实融合应用软件的开发和运行提供基础支撑，显著降低技术门槛和使用成本。建立自主智能技术标准、服务体系和产业生态链，培育若干全球领先的自主智能骨干企业。自主智能发展环境进一步优化，在重点领域全面展开创新应用，聚集起一批高水平的人才和创新团队，部分领域的自主智能体系初步建立

续表

愿景类型	愿景描述
积极型	立足新型材料和器件，通过跨层垂直优化、开源处理器规模化开发、敏捷优化等技术实现跨越式进步，减少知识产权核费用，实现算力成本2个数量级以上提升，能效比有2个数量级的下降。基于应用软件泛在化、智能化运行基础设施，培育形成行业性的行业应用软件核心生态，促进开放共享和良性竞争，显著提升若干典型行业的应用软件数实融合水平，促进产业结构转型升级。自主智能赋能产业进入全球价值链高端。自主智能在智能制造、智能医疗、智慧城市、智能农业、国防建设等领域得到广泛应用。初步建立自主智能的规范和政策体系，形成自主智能安全评估和管控能力
进取型	立足精密制造或量子计算取得颠覆性突破，芯片制造问题得到根本解决，算力得到6个数量级以上提升，能效比有6个数量级的下降。应用软件泛在化、智能化运行基础设施得到普及性发展，实现应用软件的泛在化、智能化能力按需嵌入和无缝应用，建成世界领先的数实融合应用软件生态，为社会经济转型升级、全面建成社会主义现代化强国提供软件支撑。自主智能产业竞争力达到国际领先水平。自主智能在生产生活、社会治理、国防建设各方面应用的广度深度极大拓展，形成涵盖核心技术、关键系统、支撑平台和智能应用的完备产业链和高端产业群。形成一批全球领先的自主智能科技创新和人才培养基地，建成更加完善的自主智能的规范和体系

第三章　中国信息与电子领域工程科技技术预见及发展能力分析

第一节　信息与电子领域工程科技2040技术预见

信息与电子领域是当前最具活力和推动力、最具创新性和前沿性的领域，发展速度快、不确定性高成为本领域发展的重要特征。通过开展技术预见分析，以科学系统的方式明晰领域未来发展趋势、研判具有战略性的技术及研究发展方向，以此引导优势资源向关键技术方向及更具潜力和价值的领域流动，是推动本领域未来发展的迫切需求及必经之路。为此，此次信息与电子领域工程科技预见工作，旨在把握国内外信息与电子科技发展趋势，提出面向2040年我国信息与电子领域工程科技需要发展及可能实现的技术清单，结合重大战略需求和经济社会国防发展需求，研判提出关系全局和长远的关键技术、关键共性技术和颠覆性技术清单，为面向2040年我国信息与电子领域工程科技发展战略研究提供坚实支撑。

本次技术预见采用德尔菲法这一典型研究方法，广泛邀请来自高校、科研院所、产业界的专家参加调研，通过开展两轮专家意见征询，不断收敛技术方向，最终形成信息与电子领域面向2040年的关键技术方向、关键共性技术方向及颠覆性技术方向，并预测了各方向技术的实现时间，阐述了技术发展水平与约束条件。本章技术预见的分析结果将为本书后续章节研究提出信息与电子领域工程科技发展战略、重点任务、基础研究方向、重大工程和重大工程科技项目建议，提供方向性支撑。

一、本领域工程科技 2040 技术预见基本情况

信息与电子领域工程科技 2040 技术预见工作通过综合运用文献与专利分析、问卷调查、专家访谈、研讨会等方式，经过多轮迭代讨论，首先形成了技术预见初选清单。在此基础上，课题组组织开展了两轮德尔菲法调查研究。在第一轮调查研究中，课题组根据研究目标，制定了调查问卷和方案，广泛邀请来自信息与电子领域各界共 917 位专家参与了调查研究，建立了参调专家库，由此形成了 9 个子领域内 54 个技术方向；在第一轮调查结果的基础上，课题组结合统计结果与参调专家建议，基于前瞻性、关键性、引领性、科学性原则，对技术预见初选清单进行了调整，并在此基础上组织开展了第二轮调查研究。由此，通过两轮德尔菲法调查研究，基于专家经验与预测建议，最终在测量技术、使能技术、应用光学等 9 个子领域内，形成 54 个技术方向（表 3-1），其中各子领域所含技术方向数如图 3-1 所示。本书主要基于第二轮调查结果进行技术预见分析描述。

表 3-1　信息与电子领域第二轮技术预见清单

子领域	技术方向	子领域	技术方向
测量技术	生命表征的数字计量技术	感知技术	侦探干通一体化技术
	量子测量技术		量子雷达技术
	互联网空间的数字计量技术		原子接收机技术
	超高分辨率精密测量技术		基于星地一体机会辐射源的精细化探测技术
	动态（在线）测量技术	通信与网络	量子通信
使能技术	大容量光存储技术		电磁涡旋通信感知一体化技术
	硅光子与微电子一体化芯片技术		太赫兹通信技术
	碳基亚纳米集成电路芯片技术		6G 通信技术
	超构表面光场调控与微纳光子技术		水下综合光通信技术
应用光学	光场成像技术		水下磁感应通信技术
	裸眼 3D 技术	网络空间安全	智能系统的安全可重构技术
	天地一体化的空间目标光电态势感知技术		智联网的协同安全技术
	空间信息网络与激光通信组网技术		基于 AI 的赛博安全防御技术
感知技术	可穿戴高分辨传感技术		网络信息系统基础架构及安全管理机制
	感知传输处理存储执行融于一体的智能微系统	计算技术	云计算干扰测度与优化
	智能工业元宇宙		智能物端的片上系统（system on chip，SoC）和泛在操作系统
	光机电液基础件设计与制造技术		软件定义晶上系统
	微波无线传能技术		量子计算

续表

子领域	技术方向	子领域	技术方向
计算技术	存算一体的智能处理芯片技术	应用软件	新一代人工智能开源开放技术
	处理器敏捷设计与跨层优化技术	智能与控制	类脑智能技术与系统
	大规模全光计算系统		复杂场景全域感知与智能认知技术
应用软件	数字信任技术		人机混合智能交互控制技术
	数字孪生网		脑机接口及认知干预技术
	虚拟与增强现实技术		智能可穿戴泛在系统
	自然人机交互与呈现技术		混合智能增强技术
	人体虚拟孪生		基于因果推理等技术的可信人工智能
	支撑智能社会的新型学习技术		自主无人系统变结构控制技术

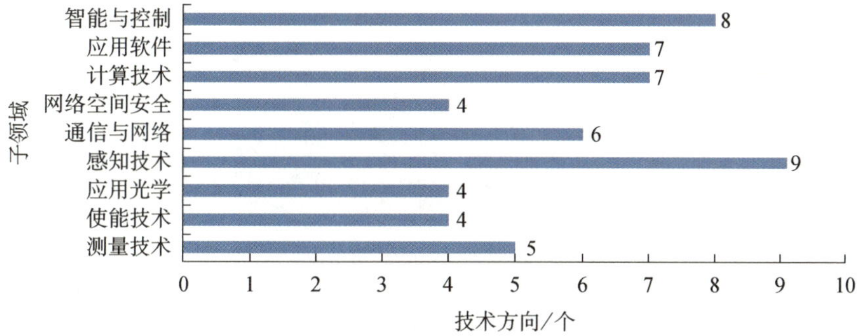

图 3-1　各子领域技术方向个数

信息与电子领域第二轮技术预见分析工作邀请了来自高校、科研院所、产业界的专家共 917 人参与问卷调查，问卷填报人数 314 人，专家参与度为 34.24%（图 3-2）。共回收问卷 1785 份，平均每个技术约有 34.89 位专家作答，3.7%的技术方向作答人数超过 50 人，11.11%的技术方向作答人数低于 24 人。

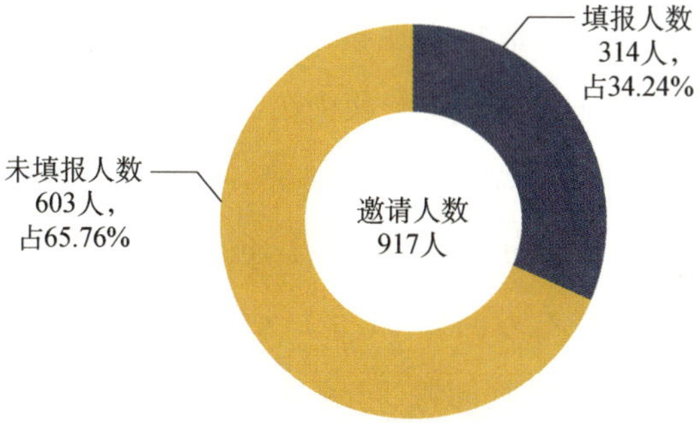

图 3-2　信息与电子领域问卷调查参与度

回收的问卷中，对所填报的技术方向，15.91%的回函专家选择“很熟悉”，34.68%的回函专家选择“熟悉”，49.41%的专家选择“较熟悉”（图3-3）。

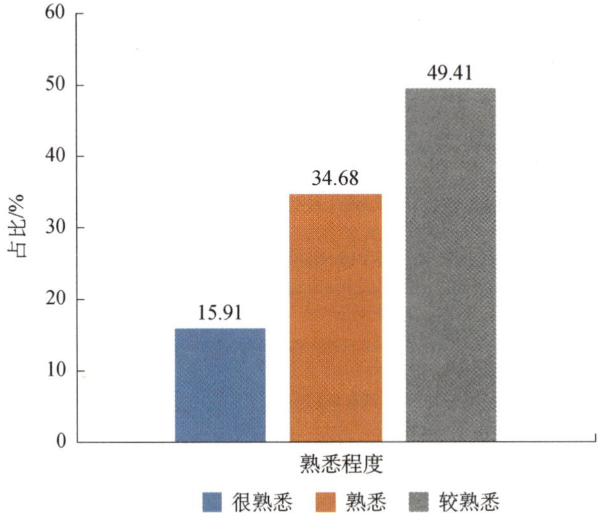

图3-3 回函专家熟悉程度分布

二、本领域技术预见结果分析与关键技术选择

（一）技术实现时间分析

从世界范围来看，信息与电子领域技术的预期实现年份集中在2027—2030年（图3-4），约占全部技术的85.2%。其中，2028年预期实现技术数量达到峰值，实现技术方向17个。从国内范围来看，我国信息与电子领域技术实现年份集中在2028—2034年（图3-5），实现峰值出现在2030年，实现技术方向18个，约占全部技术的33.3%，在其余年份技术实现数量分布较为均匀。预计到2030年，我国信息与电子领域预期实现技术方向共31个，约占全部技术的57.4%。社会实现时间相较技术实现时间晚2—4年，即预计在2030—2038年，全部54个技术将陆续在我国实现社会层面应用（图3-6）。整体来

看，我国信息与电子领域的技术实现时间滞后于世界技术实现时间1—4年。

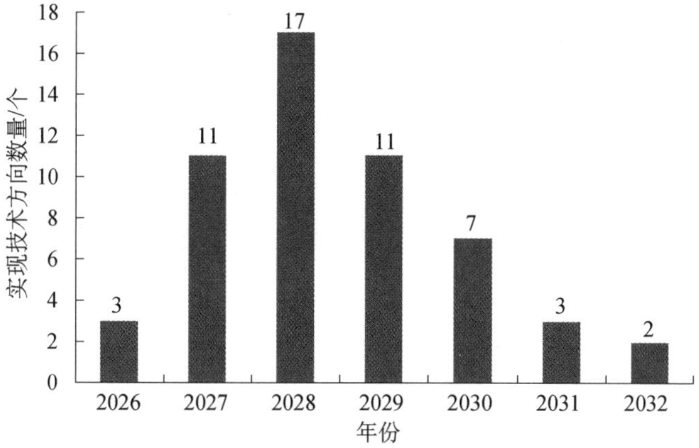

图 3-4　技术实现时间（世界）

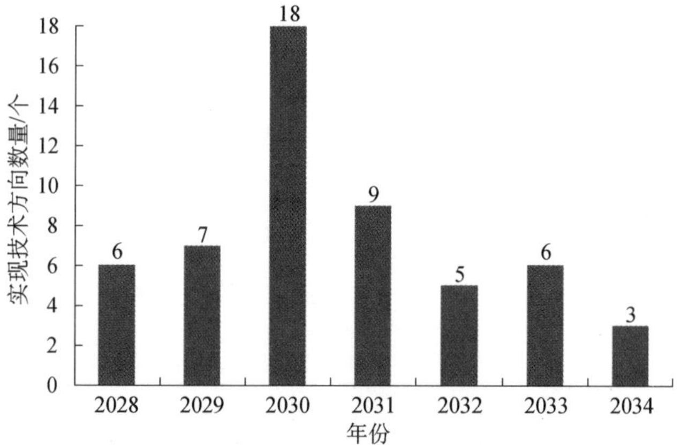

图 3-5　技术实现时间（中国）

（二）技术水平与约束条件分析

1. 技术领先经济体

在信息与电子领域，技术发展水平所处领先经济体的分析如图 3-7 所示。其中，美国在各个子领域均占据领先地位；欧盟在测量技术、通信与网络、应用软件、智能与控制领域占据一定优势；日本在应用光学、使能技术、感知技术领域具有优势，在应用软件、智能

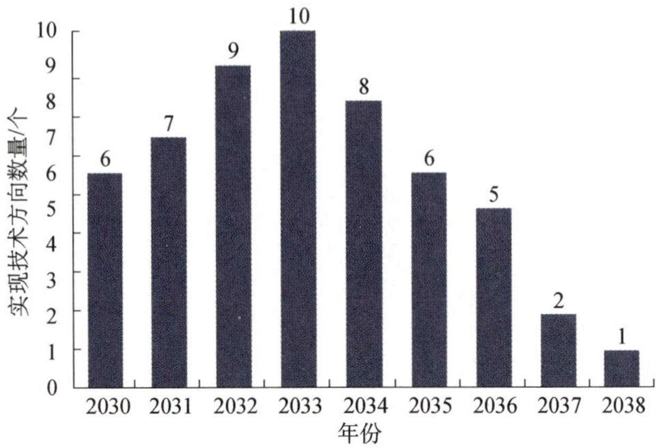

图 3-6　社会实现时间（中国）

与控制技术领域可与欧盟比肩；我国在感知技术、通信与网络领域具有一定发展优势。俄罗斯在 9 个子领域的技术发展竞争中均处于落后位置。

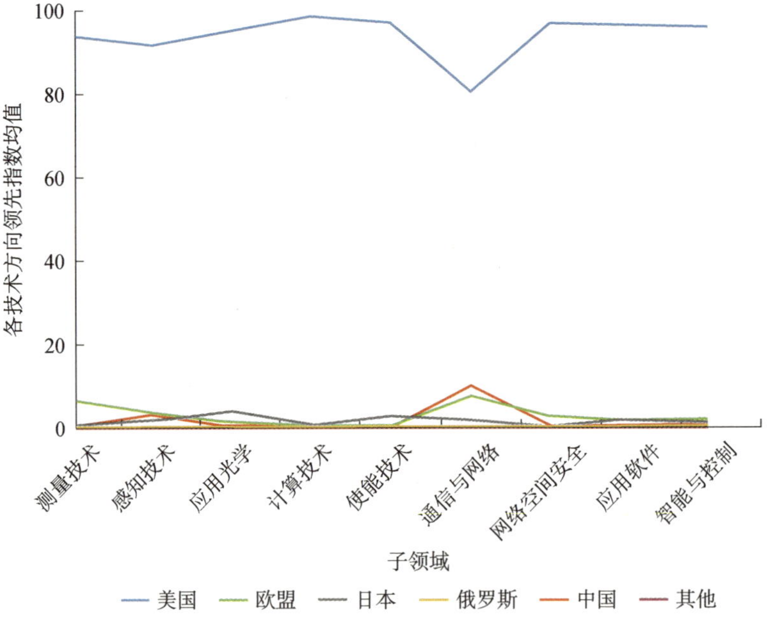

图 3-7　技术领先经济体分布图

2. 研发水平指数

信息与电子领域 54 个技术方向的研发水平指数，如图 3-8 所示。目前尚未有技术方向研发水平指数大于 80，研发水平指数介于 60—80 的技术方向有 2 个，介于 40—60 的技术方向有 28 个，介于 20—40 的技术方向有 21 个，低于 20 的技术方向有 3 个。其中，6G 通信技术和量子通信研发水平指数较高，均在 70 以上；硅光子与微电子一体化芯片技术、生命表征的数字计量技术、大规模全光计算系统研发水平指数偏低，均低于 20，其中硅光子与微电子一体化芯片技术研发水平指数仅为 10.83。

3. 制约因素分析

在技术预见调查问卷中，研究提出了 10 项制约技术发展的主要因素，包括人才队伍、法律法规政策、标准规范、研发投入、工业基础能力及科技资源、协调与合作、科学原理突破、危害性或伦理性风险、国外限制竞争、经济可行性。通过加权平均，得到了信息与电子领域及各子领域的技术发展制约因素占比分布，如图 3-9—图 3-12 所示。其中，以人才队伍、研发投入、工业基础能力及科技资源为本领域大多数技术方向实现突破的主要制约因素。具体来看，应用软件领域以人才队伍为主要制约因素；除人才队伍及研发投入因素外，工业基础能力及科技资源因素是影响使能技术、应用光学、感知技术与计算技术实现突破的重要因素。

（三）技术重要性分析与关键技术选择

1. 本领域关键技术方向

技术预见分析过程中，通过综合技术核心性指数和技术应用重要性指数，得出技术综合重要性指数，即综合反映技术的核心性及其对领域发展的带动性的指数。基于各项技术综合重要性指数得分情况，结合专家研判，遴选得出本领域位列前 10 的关键技术方向，见表 3-2。

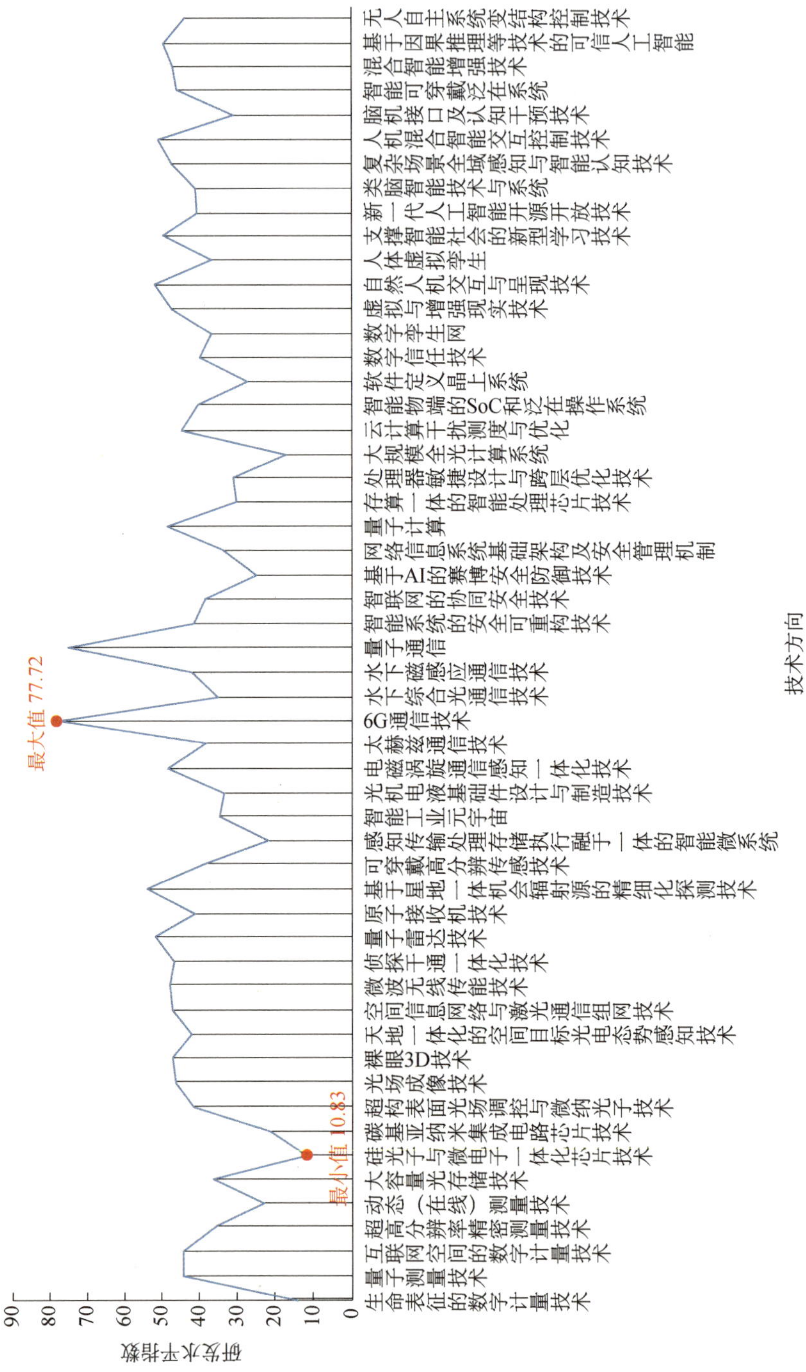
研发水平指数
0
10
20
30
40
50
60
70
80
90
最大值 77.72
最小值 10.83
技术方向
生命表征的数字计量技术
量子测量技术
互联网空间的数字计量技术
超高分辨率精密测量技术
动态（在线）测量技术
大容量光存储技术
硅基光子与微电子一体化芯片技术
碳基亚纳米集成电路芯片技术
超构表面光场调控与微纳光子技术
光场成像技术
裸眼3D技术
天地一体化的空间目标光电态势感知技术
空间信息网络与激光通信组网技术
微波无线传能技术
侦察干通一体化技术
量子雷达技术
原子接收机技术
基于星地一体化的辐射源的精细化探测技术
可穿戴高分辨传感技术
感知传输处理存储执行融于一体的智能微系统
智能工业元宇宙
光机电液基础件设计与制造技术
电磁涡旋通信感知一体化技术
太赫兹通信技术
6G通信技术
水下综合光通信技术
水下磁感应通信技术
量子通信
智能系统的安全可重构技术
智联网的协同安全技术
基于AI的赛博安全防御技术
网络信息系统基础架构及安全管理机制
量子计算
存算一体的智能处理芯片技术
处理器敏捷设计与跨层优化技术
大规模全光计算系统
云计算干扰测度与优化
智能物端的SoC和泛在操作系统
软件定义晶上系统
数字孪生信任技术
数字孪生网
虚拟与增强现实技术
自然人机交互与呈现技术
人体虚拟孪生
支撑智能社会的新型学习技术
新一代人工智能开源开放技术
类脑智能技术与系统
复杂场景全域感知与智能认知技术
人机混合智能交互控制技术
脑机接口及认知干预技术
智能可穿戴泛在系统
混合智能增强技术
基于因果推理等技术的可信人工智能
无人自主系统变结构控制技术

图3-8 研发水平指数

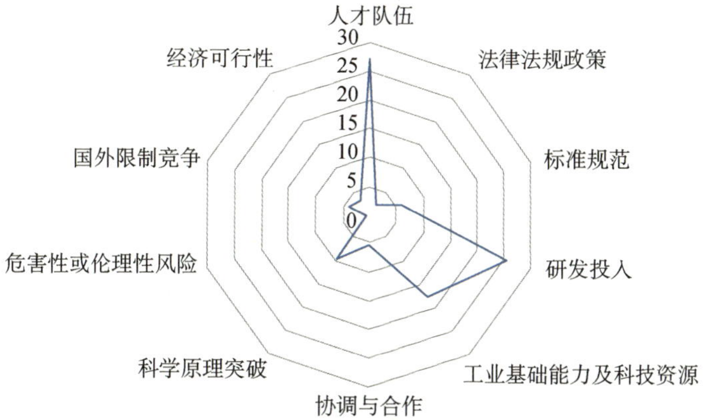

图 3-9　信息与电子领域制约因素分布情况

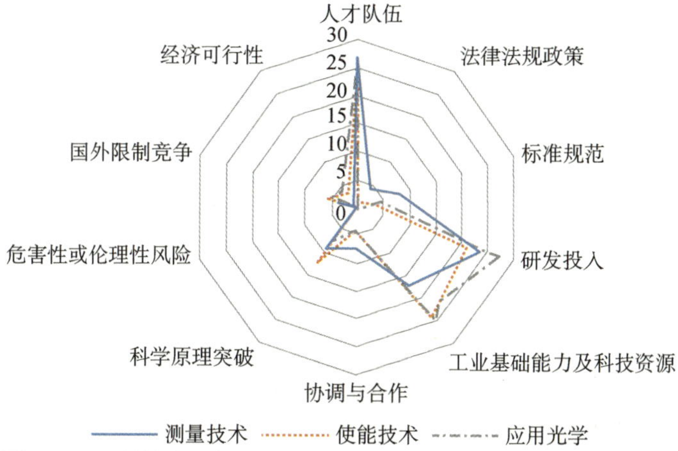

图 3-10　测量技术、使能技术、应用光学子领域制约因素分布情况

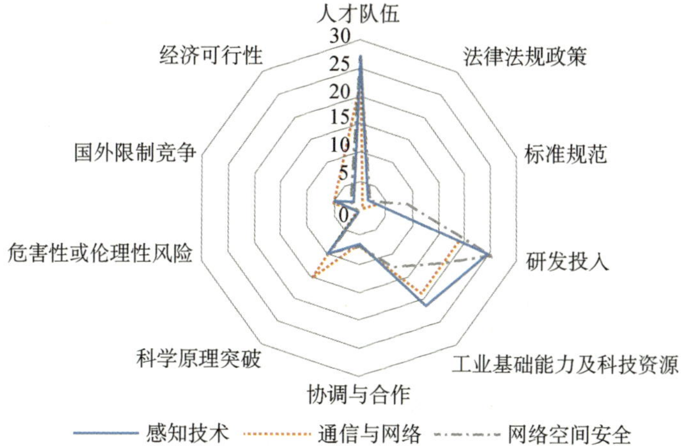

图 3-11　感知技术、通信与网络、网络空间安全子领域制约因素分布情况

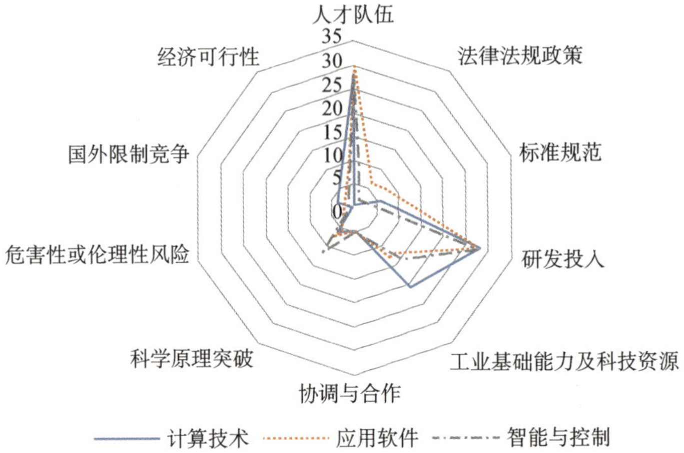

图 3-12　计算技术、应用软件、智能与控制子领域制约因素分布情况

表 3-2　关键技术方向

子领域	技术方向	综合重要性指数	实现年份			研发水平指数	领先国家	主要制约因素
			技术		社会（中国）			
			世界	中国				
测量技术	超高分辨率精密测量技术	94.62	2026	2030	2032	35.98	美国	研发投入
测量技术	量子测量技术	93.89	2027	2030	2032	43.75	美国	人才队伍
通信与网络	6G 通信技术	92.37	2030	2030	2032	77.72	美国	研发投入
智能与控制	复杂场景全域感知与智能认知技术	91.83	2028	2030	2032	46.57	美国	人才队伍
使能技术	硅光子与微电子一体化芯片技术	91.27	2028	2031	2034	10.83	美国	人才队伍
应用光学	空间信息网络与激光通信组网技术	90.98	2027	2029	2030	46.55	美国	研发投入
智能与控制	类脑智能技术与系统	90.83	2030	2033	2035	40.48	美国	人才队伍
感知技术	感知传输处理存储执行融于一体的智能微系统	89.68	2028	2031	2034	21.55	美国	研发投入
应用光学	天地一体化的空间目标光电态势感知技术	89.47	2028	2030	2033	41.67	美国	研发投入
网络空间安全	智能系统的安全可重构技术	89.36	2029	2030	2032	40.91	美国	研发投入

2. 本领域关键共性技术方向

为研判出对领域及跨领域发展具有基础性意义和通用性强的共性

技术，技术预见工作综合技术通用性和技术应用重要性这两项指数，得出共性技术重要性指数。根据该指数得分情况，并经过专家研讨分析，提出本领域位列前10的关键共性技术方向，见表3-3。

表3-3　关键共性技术方向

子领域	技术方向	共性技术重要性指数
智能与控制	复杂场景全域感知与智能认知技术	93.07
通信与网络	6G通信技术	92.65
测量技术	超高分辨率精密测量技术	92.20
应用软件	数字信任技术	90.97
感知技术	感知传输处理存储执行融于一体的智能微系统	89.68
智能与控制	混合智能增强技术	89.48
使能技术	硅光子与微电子一体化芯片技术	89.44
计算技术	处理器敏捷设计与跨层优化技术	88.81
测量技术	动态（在线）测量技术	87.29
智能与控制	基于因果推理等技术的可信人工智能	87.26

3. 本领域颠覆性技术方向

综合技术颠覆性和技术应用重要性两项指数，可研判得出重要的颠覆性技术，即在未来20年可能取得重大突破并对本领域甚至社会经济发展产生颠覆性影响的技术。根据专家打分结果，结合专家研判意见，提出本领域位列前3的颠覆性技术方向，见表3-4。

表3-4　颠覆性技术方向

子领域	技术方向	颠覆性指数
测量技术	量子测量技术	95.18
智能与控制	类脑智能技术与系统	91.14
应用软件	人体虚拟孪生	87.11

第二节　中国信息与电子领域工程科技体系发展能力分析

随着新一代信息技术的不断突破，信息技术蓄势赋能，对经济社会发展和人民生活质量的引擎作用不断强化，已成为推动国民经济高质量发展的强大动力。我国信息技术产业蓬勃发展，产业规模迅速扩大，产业结构不断优化，一批信息技术企业和互联网企业进入世界前列。同时，在当前快速变化的国际环境及我国新发展需求下，信息与电子领域的发展仍面临基础理论发展不强，以及核心器件、算法、软件缺失等诸多问题和短板。

（一）发展优势

1. 部分共性基础领域已具备一定竞争优势

我国在时间频率、电学、热工、长度、力学、光学、电离辐射、化学、生物等领域的多项测量能力处于国际领先或先进水平。截至2024年，实现测量能力国际互认1948项，国际排名升至第一。在量子测量技术领域突破了一些关键技术，2019年，我国铯原子喷泉基准钟（NIM6）频率不确定度优于5.8×10^{-16}，相当于5400万年不差1s；自主研制了激光干涉型和原子干涉型绝对重力仪，打破了美国在高端绝对重力仪领域对我国的全面封锁；玻尔兹曼常数测量技术达到世界先进水平，为SI温度单位的重新定义做出关键性贡献。在计量数字化技术方面，我国正与德国联邦物理技术研究院联合开发机器可读的数字校准证书。2019年6月，科技部、财政部正式发文成立了国家计量科学数据中心，开始重点推进测量数据积累和应用，提升测量数据价值挖掘能力，实现跨行业、跨领域测量数据的融合、共享和应用。

我国在超材料和超构表面器件领域具有后发优势，目前已发展成为全球拥有超材料技术专利最多的国家。在信息超材料方面的竞争优势主要体现在5G、6G领域中。例如，我国已在5G现网完成信息超材料技术实验，结果表明可显著提高现网弱覆盖区域的信号强度、网络容量和用户速率；发布《6G信息超材料技术白皮书》，进一步扩大了信息超材料技术在未来无线通信中的广泛应用前景，为6G通信网络提供了全新的设计理念和技术手段。在微波光子技术方面，我国集成微波光子领域建设几乎与国际同时起步，目前我国的联合微电子中心有限责任公司、上海微技术工业研究院、江苏铌奥光电科技有限公司、南京南智先进光电集成技术研究院有限公司等企业建立的硅基、薄膜铌酸锂等光电子器件加工平台，已达到国际先进水平，基本满足我国集成微波光子领域自主研发的需要，形成了一定的代表性成果，如高功率窄线宽量子点半导体激光器、波长精度与波长数均为世界最高水平的 DFB 激光器阵列、110GHz 超低半波电压薄膜铌酸锂调制器、110GHz 纯硅调制器、1.6Tb/s 硅光互连芯片、1×8 硅基光控波束成形芯片、集成化光电振荡器、微波光子雷达成像芯片等，且部分器件实现了国产替代。在系统应用方面，近几年在国家多部委的支持下，微波光子系统进行了多次系统外场验证试验，具备了相应的型号应用能力。

2. 光电信息领域已初步具备产业配套能力

目前，我国已形成四大光电技术产业基地，包括以深圳为龙头的珠江三角洲、以上海为龙头的长江三角洲、以北京为龙头的环渤海地区，以及以重庆、西安、成都、武汉为重点城市的中西部地区，各产业基地均已根据自身优势发展出独具特色的技术与产业集群。2020 年，中国科学院西安光学精密机械研究所设计出基于自由曲面的大相对孔径大视场光学探测系统，针对广域空间碎片，可配合完成数目巨大的空间碎片探测与编目任务。基于自由曲面的大相对孔径大视场光学探测系统的探测视场角为 20°，F 数为 1.05，入瞳口径为 150mm，可实现 12.5 等星的探测。2021 年，中国科学院上海技术物理研究所团队研究发现偏振成像在小探测角度和小温差场景对海雾中舰船探测的对比度提升具有更强的作用，此时偏振探测表现出更强的透雾性能。当舰船与海面的温差为 2.5℃、探测角度为 5° 时，在长波和中波波段下偏振探测相对于强度探测的对比度分别提升了 10.06 倍和 3.74 倍，其偏振阈值透过率仅分别为强度阈值透过率的 9.98%和 27.02%（倪歆玥，2021）。2023 年 1 月，基于实验室测试结果，中国移动开展 400G QPSK 现网测试，横跨浙江、江西、湖南、贵州 4 个省，涉及 45 个光放段，实现 5616km 超长距离陆地实时现网传输，创造了 400G QPSK 无电中继现网传输距离的新纪录，并首次验证了频谱扩展至 C6T+L6T 的 12THz 传输性能。2023 年 8 月，中国科学院上海技术物理研究所团队提出一种改进的凸集投影（projection onto convex sets，POCS）算法用于提升偏振成像系统的成像分辨率，可以有效提高传统凸集投影算法的抗噪性能，提高分焦平面偏振探测系统的成像分辨率，与同类算法相比结构相似性系数提升 0.02，峰值信噪比提升约 1dB，并且拥有更高的噪声鲁棒性。

3. 感知领域自主与协同兼备发展，产业链全链条快速发展

我国一方面在传感器芯片制造业上自主快速发展，不断缩小与西方技术强国之间的差距，从点上突破技术封锁；另一方面在传感器与其他相关领域协同发展上，从体系上逐渐超越西方技术强国，形成了更为完整的智能感知产业链。第一，传感器芯片制造业是感知领域的基础，通过对机理、材料、工艺、结构和算法等 5 个方面的自主技术创新，逐渐实现智能传感器、高端微芯片等技术的自主创新。特别是在材料、工艺、结构方面，以新型柔性材料、微机电系统工艺、仿生 3D 结构为技术核心的传感器制造优势在于低成本、低功耗、小型化，逐渐成为我国智能芯片的发展途径，为先进传感奠定了硬件平台基础。在机理和算法方面，以新一代人工智能为认知核心的量子传感、脑电波传感、数字孪生、元宇宙等新技术不断被完善，逐渐被用于航空航天、可穿戴器件、辅助医疗等领域，为先进传感奠定了软件平台基础。第二，通过积极开展与国内国际相关下游应用领头企业的合作，推动通信、计算、智能、能源等多领域协同发展的全链条感知产业链的高速发展。例如，我国已掌握了面向 6G 网络的通感一体化技术，它将通信与感知相结合，通过共享

硬件、频谱和信号处理等资源，实现通信与感知功能的融合共生。

4. 通信与网络建设方面积累了扎实经验

通信与网络是信息化、数字中国、网络中国建设的重要基础，未来的通信与网络将是万物互联、广域覆盖、超高带宽、智能发展的支撑，融合云计算、大数据、工业互联网、移动互联网等软硬件要素及应用于一体的通信网络基础设施建设，对于天地一体化、智能泛在、通信传感一体化等方面的建设意义重大。我国在通信与网络建设方面具有一定基础，在移动通信、光纤通信、5G 商用、大数据中心、云计算与云存储、工业互联网的建设发展上积累了扎实经验，取得了具有一定自主创新能力的技术成果，并在产业发展上也走出了适合国情的特色之路。例如，中国移动已构建全球最大 5G 商用网络，部署商用基站超过 170 万站，5G 终端客户数达 4.76 亿人，核心网可满足 5.8 亿个用户，网络云资源池服务器规模超 17 万台，全网 IPv6 活跃连接数达 9.52 亿个，打造了全球规模最大的 SRv6 骨干网[①]。中国联通打造的"禹迹"数字孪生城市信息建模（city information modeling，CIM）平台，助力城市治理体系和治理能力现代化建设。该平台是中国联通面向数字孪生城市建设打造的全新研发成果，融合三维地理信息系统（3-dimensional geographical information system，3D-GIS）、高性能渲染和云原生等新一代信息技术，构建城市全要素、全时空、全生命周期的数据底座，打造与实体城市"孪生"的数字城市。北京邮电大学在国际上率先原创性地提出了服务定制网络（service customized networking，SCN）新型体系架构，突破了微服务化大网级网络操作系统，解决了广域网络由"可管不可控"向"全网可管控"的目标转变难题；攻克了广域确定性网络技术与控制机制，支持大规模广域场景下带宽、时延抖动的确定性传输，实现了在分组交换机制基础上从"连通即可"到"准时精确"的目标，引领了业界技术发展趋势；突

① 中国移动发布 5G 网络、IPv6 和自智网络 三方面创新成果. https://www.xinhuanet.com/info/20230627/425876d05c444c38a69d4feb806ce925/c.html[2025-04-29].

破了服务定制的算网融合关键核心技术，可跨多方算网资源，在广域范围实现应用与流量的按需调度，实现了从“以网络为中心”到“以应用为中心”转变的目标。

5. 应用驱动智能计算与自主无人系统快速发展

我国在应用软件领域具有较好的长期积累，在传统互联网应用时代与美国同处第一梯队，在移动互联网应用时代更取得了全球领先地位，但仍面临着技术标准受制于人、自主发展能力不足等问题。随着面向万物互联的新型计算技术和应用软件成为新的竞争焦点，我国在关键支撑技术方向加大投入，并在部分领域取得了一定的成果。

区块链是数字信任体系的支撑性技术，我国已把区块链纳入国家发展战略，近年来在区块链关键核心技术研发、区块链技术平台、区块链创新应用等方面均取得重要成果。清华大学“姚班”团队提出基于树图结构的区块链Conflux，具有高吞吐量等特性，在全球区块链领域独树一帜（Li et al.，2018）。浙江大学团队研发出自主可控联盟区块链技术平台Hyperchain，在工业和信息化部等机构组织的评测中技术指标居于世界前列，北京微芯区块链与边缘计算研究院、腾讯微众银行、蚂蚁科技集团股份有限公司等研发的国产联盟区块链技术平台均达到世界先进水平（Cai et al.，2021），国产区块链技术平台已能满足我国目前区块链应用技术需求和国产化要求。区块链在我国司法、金融、政务等领域的创新应用取得重要突破，最高人民法院的司法区块链存证数据总量已近10亿，浙商银行供应链金融数据上链超500万笔，累计融资超3800亿元（中国工程院“中国区块链发展战略研究”项目组，2023）。

Web3.0集成了虚拟现实、增强现实、混合现实、数字孪生、区块链技术、人工智能、分布式账本和智能合约等先进技术，以实现非同质化代币（non-fungible token，NFT）价值交换为驱动，数据交换更加安全、透明，同时提高了网络的智能化水平和用户体验。2021年12

月，美国国会明确指出 Web3.0 是互联网的未来，强调要通过明确政府的政策重点帮助指导数字资产生态系统发展；建立自适应性强的监管框架，规范数字资产的发行、交易、托管和服务等活动。美国 2021 年发布的《2016—2045 年新兴科技趋势报告》、欧盟 2021 年发布的《面向未来的 100 项重大创新突破》都对混合现实、增强现实、人工智能、计算创造力、人类增强、社交网络、自然人机交互等 Web3.0 相关的核心技术进行了布局。我国发布的《数字中国建设整体布局规划》提出，到 2035 年经济、政治、文化、社会、生态文明建设各领域数字化发展要更加协调充分。2024 年，国家数据局等 17 个部门联合印发的《“数据要素×”三年行动计划（2024—2026 年）》指出：打造安全可信流通环境……探索建设重点行业和领域数据流通平台，增强数据利用可信、可控、可计量能力，促进数据合规高效流通使用。

我国对基础研究的重视与持续加大力度的投资为智能与控制领域的发展奠定了坚实的基础，以无人机集群、新能源自动驾驶为代表的关键核心技术已领跑全球。我国丰富多样的应用场景使得智能与控制技术与各行各业的融合达到了前所未有的高度。我国的人工智能技术在无人系统中已初步构建了一个充满活力的创新生态系统。这一系统包括了百度的无人驾驶、阿里的城市大脑、腾讯的智能医疗、科大讯飞的语音识别、商汤的图像与视频处理等开放平台，以及华为、中科寒武纪科技股份有限公司、杭州海康威视数字技术股份有限公司等在实体经济领域建设的领先平台。在全球人工智能指数排名中，中国已跃升至第一梯队，仅次于美国，在人才、教育、专利产出等方面均取得显著提升。中美两国依旧是全球人工智能领域从业者最多的国家，这一格局目前保持稳定。

我国智能与控制领域的崛起得益于四大优势。首先，政策优势显著，人工智能已被国家列为优先发展的战略领域。其次，我国拥有海量的数据资源，这得益于庞大的人口基数，手机用户群体和消费、支付量的巨大规模，形成了丰富的消费、出行、医疗、旅游、物流等数据资源。再次，应用场景的多样性也是我国的一大优势。作为发展中国家，我国在基础设施方面仍有诸多不足，但这也为人工智能提供了广阔的应用空间。例如，城乡基础设施、医疗、教育、民生服务等领域的问题，通过智能自主控制系统的介入，能够迅速得到解决。最后，我国拥有庞大的青年人才储备。2022 年，高等教育毛入学率已达 59.6%①，且理工科学生比例高，这为人工智能领域的发展提供了坚实的人才基础。此外，国家自然科学基金委员会还特别设立了人工智能一级学科代码，以资助相关的基础研究、前瞻性探索和应用研究。

（二）短板弱项

1. 测量领域仍有部分关键核心技术尚未掌握

（1）量子计量体系尚未健全

量子计量是以新定义的 SI 为源头，涵盖多学科、多领域、多参数的量值传递溯源体系。与传统计量相比，量子计量在物理量定义、溯源方法和形式等方面都发生了颠覆性变革。目前，量子计量仍处在点状突破阶段，体系化发展格局尚未形成。在技术研发方面，用于 SI 新定义的物理常数的测定工作已基本完成，但基于新定义的量值传递溯源能力较弱。在机制方面，计量法律法规体系改革滞后于计量体系发展，1986 年，《中华人民共和国计量法》开始实施，其作为我国基本的计量制度，对国家量值传递溯源体系进行了规制。在计量量子化变革的背景下，计量单位不再单一地由计量器具来保存和复现，而是随时随地可以复现，量值传递溯源不再依靠实物量具的逐级比较实现。但随着社会发展，《中华人民共和国计量法》条款已与实际需求脱节，亟须进一步修订完善。

（2）核心指标还需提升

一是关键产品准确性指标与国际顶尖水平相比存在差距。在典型

① 教育部：优化人才培养结构 理工农医招生规模已过半. http://www.moe.gov.cn/fbh/live/2023/55167/mtbd/202303/t20230324_1052577.html[2025-04-29].

量子测量装置中，我国与国际顶尖水平相比仍存在 1 个数量级左右的差距。例如，在光钟研制方面，我国最好的光钟不确定度指标达到 10^{-18} 量级，而美国已进入 10^{-19} 量级，此类核心指标的数量级差距往往意味着代际差距。二是极端或复杂环境下的装置性能有待优化。目前，芯片级原子钟、量子电学基准装置均已接近工程化应用阶段。但是，将基准装置从实验室移植至测量仪器实际工作场景意味着将失去理想的运行环境。如何在高海拔、强辐射、极高/低温等极端或复杂环境下保持测量装置的稳定性和可靠性，是实现量子测量工程化应用的关键。

（3）产业链上游自主能力薄弱，部分关键元器件严重依赖进口

目前，高校与科研院所是我国测量技术研发的主力军，资源被集中在核心系统设计与工程化样机开发中，产业链的上游受重视程度不够，一些关键元器件严重依赖进口。例如，作为芯片级原子钟主流光源的垂直腔表面发射激光器（vertical-cavity surface-emitting laser，VCSEL）目前仍依赖进口，成本较高且质量不可控，严重制约了我国芯片级原子钟的产能和发展。

（4）计量数据建设和应用不足

一是计量数据建设的广度和深度均有不足。计量数据是测量活动的价值体现，也是测量数字化转型的重要资源。相较于美国、英国等发达国家，我国计量数据的建设工作起步较晚，特别是标准参考数据建设缺失，在开展测量结果比对、数据仿真模拟等工作方面依赖国外参考标准数据库，影响了科研或生产活动效率。二是计量数据机器可读、可懂、可操作尚未实现。国际计量界普遍认可的 D-SI 计量数据结构目前处于试验阶段，局限于少数产品和应用场景，距离实现物联网智能计量校准系统还有一定距离。

2. 芯片与半导体技术整体还处在全球第三阵列位置

虽然我国已成为全球规模最大、增速最快的集成电路市场，但在

自主创新能力方面仍存在一定的不足，相关工程科技发展与世界先进水平相比仍然比较落后。在芯片与半导体技术领域，美国、日本、荷兰处于第一阵列，在芯片设计、材料、核心制造装备等方面处于垄断地位；德国、法国、英国、韩国等国家处于第二阵列，深度参与芯片与半导体全球产业链，提供部分核心技术与零部件和分系统产品；我国整体技术发展水平仅处在全球第三阵列位置，与国外存在1—2代的技术代差，且关键核心产品，尤其是中高端芯片核心技术、先进制造工艺等方面还严重依赖进口。从研发投入方面看，我国芯片企业对技术创新和研发的投入仍相对较低，大多数企业更加注重生产和销售，与之相比，国外领先的芯片企业在技术创新方面投入更多，并且在高端市场占据主导地位。从产业链方面来看，相较于国外相对完善且一体化的产业链条，我国在芯片产业中最核心的芯片设计、核心装备和关键材料方面仍与国际先进水平存在较大差距，关键环节中的关键设备、软件、技术等均受制于人。例如，我国芯片设计领域发展起步较晚，目前处于追赶地位。尤其是芯片设计电子设计自动化工具由楷登电子、新思科技、明导三家美国企业垄断，国产软件与美国巨头之间还有10年左右的差距；材料环节几乎被日本企业垄断；在设备环节，芯片生产所需要的离子注入机、薄膜沉积设备、热处理成膜设备等关键设备由美国应用材料和日本东京电子等企业垄断，高端光刻机技术几乎由荷兰光刻机公司阿斯麦（ASML）垄断；在制造环节，我国落后于世界领先工艺水平5年左右。

3. 微纳光子技术发展中的应用牵引作用不足

我国在超材料和超构表面器件的发展虽然较快，但在应用方面还不充分，缺乏大批量生产和大规模应用，尤其是对于高带宽探测、高精度光场调控等前沿应用场景支撑不足，未能形成应用牵引的技术发展模式。此外，从技术发展角度来看，仍存在以下问题。一是集成度不高，超材料和超构表面器件通常由多个组件组成，包括执行器、传感器等，但它们之间的集成度和整体性不足，这导致系统设计复杂、性能受限，并且难以实现高效的整体功能。二是制造成本高，一些超材料和超构表面器件的制造成本相对较高，特别是涉及复杂的制造工艺或材料的情况，这使得它们在大规模应用中的成本效益受到挑战。三是稳定性和可靠性不足，在一些情况下，超材料和超构表面器件可能在长期稳定性和可靠性方面存在问题，特别是在复杂的工作环境下，它们的性能会受到影响，需要更好的稳定性和可靠性保证。四是适应性不足，部分超材料和超构表面器件在适应不同环境和应用需求方面还有改进空间，它们无法有效应对复杂多变的工作环境，需要更好地适应各种应用场景。五是缺乏统一的标准和规范，这导致产品可靠性差、产品之间互操作性不佳，限制了它们在实际应用中的推广和发展。

我国在集成微波光子领域关键短板主要表现在关键环节、核心技术等方面，如核心器件、集成芯片、材料制备与生长、架构创新、仿真软件设计等，仍与国外先进水平存在较大差距。在核心器件领域，近年来我国在激光器、调制器、探测器等领域的研究工作不断取得突破，部分器件指标与国际先进水平接近，但调制器、探测器商用产品的带宽主要集中于 40GHz 及以下，高性能产品的国产化水平仍有待加强，缺乏环境适应性及高可靠性方面的研究。在集成芯片领域，硅光芯片加工平台的工艺稳定性和一致性有待进一步提高，异质异构集成平台的建设亟须加大投入。在材料制备与生长领域，部分材料晶圆主要依赖进口，对材料生长的工艺控制能力有待加强。在架构创新领域，微波光子系统综合性能提升需进一步优化，需要形成系统应用牵引微波光子多学科协同设计和优化的创新范式。在仿真软件设计领域，我国发展速度较快，已初步形成多物理场作用、器件结构、链路分析、版图生成等不同层级的仿真设计软件，但在仿真计算精度和效率方面与国外商用产品有一定差距，而且，现有仿真设计软件层级分散，需要建立不同层级软件的接口，形成全流程设计平台。

4. 应用光学领域在关键核心技术与高端设备方面与国外存在较大差距

首先，在光通信领域，主要在原材料、仪器仪表、光器件等方面仍与国外先进水平有较大差距。在原材料方面，我国在特种气体、液体、光刻胶等基础制造材料方面积累薄弱，晶圆衬底、Ⅲ-Ⅴ族半导体外延片技术尚未完全成熟。在仪器仪表方面，光通信测试仪表中无国产替代方案占比仍高达80%左右（中国电子元件行业协会，2024），高端光电采样示波器、频谱分析仪等测试仪表技术门槛较高，目前主要由美国、加拿大、日本厂商主导，我国光通信企业大多集中于准入门槛低的中低端领域。在光器件方面，受技术和人才等的制约，国内尚未形成完备的标准化光通信器件研发体系，尤其是高端产品严重依赖国外，且差距呈扩大化趋势。光通信产业伴随光电技术而生，发展历史较久，产业链布局完整，随着技术突破与创新，全球产业持续迭代升级，国际竞争日趋激烈，已形成美日全面占据主导、欧洲竞逐利基市场、中国中游形成优势的竞争格局。但我国光通信高端产品及核心设备与国际领先水平还有较大差距，光通信芯片及器件依赖进口，根据《中国光电子器件产业技术发展路线图（2018—2022年）》，高端产品国产化率不足10%，总体呈现出“应用强、技术弱、市场厚、利润薄”的局面。

其次，光学探测领域的发展差距主要表现在以下几个方面。一是技术水平和研发实力与国外相比仍有一定差距，尚未掌握先进的技术和设备，如高精度光学器件、先进的成像算法等。国外在锑化物红外探测器设计的阵列规模方面，可达单片4K×4K、拼接8K×8K的阵列规模，而国内目前只能实现1K×1K焦平面阵列样机。在长波探测器方面，国内外均可实现大于12.5μm的响应截止波长，但国外技术已接近工程化，国内仍处于样机阶段。二是创新能力和成果不足，尤其是缺乏前沿技术和高端产品，尚未形成从基础研究到应用开发的体系化发展。三是行业规模和市场占有率不高。相较于国外庞大的光学探测市场规模，我国光学探测行业规模相对较小，市场竞争激烈，尚未形成全球市场和销售网络，且国际合作程度较低，企业面临着技术壁垒和市场挑战。

5. 感知技术领域缺乏关键性引领技术

在智能传感器设计及制造方面，尽管近年来我国的智能传感器发展迅速，但与世界先进水平仍有不小差距。从市场份额来看，现有全球智能传感器市场主要分布在美国、日本和德国。从核心器件国产化来看，当前我国智能传感器芯片较依靠进口，这给涉及国家安全的设备带来了潜在的危害性。造成这一差距的原因主要有两个方面，一方面是因为传感器在感知信息方面的滞后，另一方面是因为传感器本身在智能化和网络化方面技术上的滞后。从工业和信息化部发布的《智能传感器型谱体系与发展战略白皮书》中可以看出，我国智能传感器产业未来需要在微机电系统技术与集成电路（integrated circuit，IC）技术的集成与融合、微机电系统陀螺芯片、高性能磁传感器、微机电系统微型超声波传感器、红外阵列传感器、智能光纤传感器、集成式智能传感器和微系统模组、传感器网络技术，以及传感器智能处理算法等方面实现技术突破。

在大规模多模态数据学习及推理方面，随着大模型的出现，无论是单一模态感知（语言、语音、视觉等），还是多模态、人机协同感知所对应的智能算法，都已经迈入了大模型时代，而中美两国是该领域的领先者。但我国在以下三方面仍有一定的差距。第一，美国掌握着绝大多数的底层技术，包括以太网协议、操作系统、CPU、深度网络及大模型等，这些技术都是由美国研究机构及企业率先提出并掌握的尖端技术，我国仍处于跟跑阶段。例如，用于深度学习的计算资源GPU 的核心技术由美国英伟达公司掌握。且近年来美国政府不断出台条令限制英伟达 GPU 出口到中国，这极大影响了我国人工智能企业的发展。第二，基于大模型的感知技术已经在美国得到了资本市场的验证。虽然从大模型的数量来看，中美两国相当且都处于探索阶段，但美国已先于我国一步在资本市场得到积极反馈。以微软为例，其在必应（Bing）及 Office 办公软件中整合的 ChatGPT 相关技术，正在逐渐改变人们使用办公软件的日常习惯，也帮助微软公司市值不断飙升。而在我国，虽然包括百度文心一言在内的多款国产大模型也进入资本市场，但与国际领先大模型产品仍存在一定差距。第三，我国的大数据整合与管理存在一定问题。大模型感知技术背后的支撑点是大规模数据，但是我国在大数据库建立、数据共享、数据管理等多个方面仍不完善，导致用来训练模型的数据质量较低。

6. 赛博安全总体建设能力与世界领先水平相比仍有较大差距

我国大力推动新体制赛博安全的整体建设，并已在赛博安全建设方面取得了一定的成果，但与国际先进水平相比依然存在一定差距。如美国早在 2008 年就开始着手电磁频谱战技术的研制，在网络战、信息战、电子战等领域，超越了传统陆、海、空、天 4 维的作战空间领域，已拓展到第 5 维作战空间，研究赛博空间界限模糊、范围广泛、态势复杂的安全问题。相较之下，我国的赛博安全依然面临着许多挑战，主要包括技术水平、人才培养和产业链的完善度等方面。例如，我国高端网络设备、操作系统、数据库等仍依赖进口，网络软硬件设备自主创新能力有待提高；网络安全人才结构存在不合理现象，高端人才短缺，低端人才过剩，缺乏网络空间安全人才发展规划；网络安全产业链的上下游协作还不够紧密，缺乏有效的协同机制。此外，针对网络空间领域，我国网络攻击的防御能力与反击能力较弱。国家互联网应急中心监测发现，2020 年共有位于境外的约 5.2 万个计算机恶意程序控制服务器控制了中国境内约 531 万台主机（谢永江，2021），对中国国家安全、经济社会发展和人民正常生产生活造成了严重危害；2022 年初，我国互联网持续遭受境外网络攻击，境外组织通过攻击控制我国境内计算机，进而对俄罗斯、乌克兰、白俄罗斯进行网络攻击。我国赛博安全关键技术不仅要突破新一代密码技术、大规模网络攻击等关键难题，也要在网络空间体系安全、国家安全、国家主权等涉及经济、军事、社会、外交等多方面安全技术的研发上，实现自主创新、原始创新的突破。

7. 泛在计算机遇与挑战并存，基础支撑软件及绿色算力成为领域发展的关键短板

计算模式已经历单机计算、网络化计算、移动计算等主要发展阶段。西方发达国家长期主导相关技术标准和产品体系，建立了操作系统、数据库、中间件等基础软件和应用生态的屏障。我国在应用牵引下，在云计算、人工智能、大数据等新兴技术领域取得了巨大进步，与国外基本保持同步，但仍然以跟随发展为主，技术和标准引领能力较弱，在一些核心领域自主创新的问题一直未能得到很好解决。人-机-物融合的泛在计算作为一种新兴的计算模式，对个人、产业、经济和社会的影响极为深远。当前，泛在计算的基础软件、领域应用各方面的标准尚未形成，发展的机遇与挑战并存。我国在泛在计算的部分关键技术、应用场景等方面具备显著优势，但尚未形成具备广泛适应性的基础支撑软件生态，领域标准还十分欠缺，万物互联的规模效应亟待提高，真正确立我国在泛在计算领域的领导地位还有很长的路要走。

8. 战略性行业软件受到制约，生态建设亟待加强

在高端芯片、智能制造等多个国家战略性行业中，软件具有巨大的战略价值。然而，大部分战略性行业软件仍处于起步阶段，国产化率较低，受到国外的制约较大。特别是在高度复杂、高度综合、技术含量极高的工业核心软件领域（如电子设计自动化软件），市场仍然被

国际巨头所垄断。我国的优势在于拥有丰富的应用场景和强有力的政策支持。近年来，借助云计算、人工智能、大数据、区块链等新技术，我国战略性行业软件以丰富的场景为发展基础，已经取得了长足的进步。然而，与国外相比，我国仍存在较大差距。我国亟须构建智能设计与仿真、制造物联与服务、工业大数据处理等高端工业软件核心技术体系，打造技术与应用双轮驱动的战略性行业软件生态，推进战略性行业软件体系化发展和产业化应用。

9. 智能控制理论原创性不足，应用技术有待进一步发展

在智能控制技术领域，随着全球智能化产业的快速发展，以及5G通信技术的不断完善，市场对智能控制器的需求不断增长，促进了全球智能控制器市场规模的增长。虽然我国已经逐渐在基础理论与应用等各个方面取得重大突破，但总体上存在基础研究不足、原创能力不够、产业发展不充分等问题。例如，在模糊控制、递阶控制、专家控制、神经网络控制、分布式控制、网络控制的研究中存在跟踪为主、创新不够的问题，国际影响力有待提高；在仿人控制、进化控制和免疫控制等领域，我国学者虽然提出了新思想，但基础原创性不足；从技术实现角度来看，复杂生产制造过程的影响因素考虑有待提升，如大滞后等特性；通常把整个复杂过程分解成不同侧面或部分，采用单一智能技术预测和调节，系统性和科学性有待进一步提高。从智能控制的工程实现角度看，缺少特殊检测仪表，而检测水平对控制效果有很大影响，我国仪器仪表产品一直处于进出口贸易逆差的状态，高端仪器仪表和核心零部件长期依赖进口；技术在高校和企业界存在发展不均衡现象，企业界在人工智能系统的应用与运维方面存在人才缺口；大多数生产制造单位对智能控制的研发投入和重视程度有待提升。

第四章　中国信息与电子领域工程科技发展的战略构想

第一节　发 展 思 路

面向信息与电子领域2040年工程科技发展，应聚焦数字化、无人化、智能化，重点围绕信息与电子领域前沿技术攻关与创新应用，数字信息基础设施升级换代，核心器件、高端芯片与基础软硬件变革性突破等方面，坚持体系完善、前沿突破、自主创新、引领发展的思路，加强前沿技术创新突破，推动信息技术与各行业深度融合发展，持续助力数字化发展，统筹推进网络信息体系建设，为建设世界科技强国做出积极贡献。

第一，体系完善。瞄准信息与电子领域工程科技发展急需，加强重点领域和方向布局，打造完整、安全、可控的科技供给体系，不断优化自主创新、先进制造、服务保障等能力体系。

第二，前沿突破。超前布局、集中攻关，突破信息领域瓶颈短板，加强电子基础前沿科技研究，提高创新资源配置，加大高端人才培养，激发信息与电子领域发展的内生动力，提高领域工程科技整体水平和国际竞争力。

第三，自主创新。重点突破信息系统与网络、关键电子元器件、高端芯片、基础软硬件等关键技术，加速推进信息与电子领域关键产品自主发展进程，促进产品工程化、系列化、产业化，夯实自主创新发展基础。

第四，引领发展。把科技创新作为信息与电子领域最根本、最可持续的竞争力，以高水平科技供给支撑和引领高质量发展、民生改善和国家安全。

一、加强前沿技术创新突破，提升面向未来的战略预置能力

在经济全球化的大背景下，开放发展、融合发展、一体化发展仍是主基调，特别是在信息与电子领域，在全力缩短与西方发达国家的技术差距的同时，更要超前布局优势领域，在一些核心关键领域拥有自己的“一技之长”和“独门绝技”，通过加强培育优势技术，在全球科技发展中形成“关键领域有备份、优势领域能制衡”的发展格局，获得战略筹码，赢得战略尊重，提升战略预置能力。

二、推动信息技术与各行业深度融合发展，打造发展新动能、新优势

抢抓新一轮科技革命和产业变革机遇，构建一批各具特色、优势互补、结构合理的战略性新兴产业增长引擎，培育新技术、新产品、新业态、新模式，努力实现“换道超车”。采取“非对称”发展策略，把握技术更迭、体系重塑的重大机遇，摆脱“延长线”思维，开辟新赛道，抢占主导权。推动信息技术赋能各行业发展方式由流程驱动转向数据驱动，实现价值创造。推动云计算、大数据、人工智能等新一代信息技术加速与各行业的融合，驱动各行业快速释放数据价值；优化生产和产业运行方式，释放增量价值；推动自动化、数字孪生等技术与云原生、人工智能、物联网技术的融合，打造新型赋能模式。

三、持续助力数字化发展，推动网络强国、数字中国建设

发展数字经济，推进数字产业化和产业数字化发展，推动数字经济和实体经济深度融合，打造具有国际竞争力的数字产业集群。加强数字社会、数字政府建设，提升公共服务、社会治理等数字化智能化

水平。提升海量数据高效存储及计算能力，推进数据分布优化、数据自动分层等技术的成熟与落地，提高数据基础设施的资源可调度性、管理便捷性及整体效能，建立数据资源产权、交易流通、跨境传输和安全保护等基础制度和标准规范，推动数据资源开发利用。保障国家数据安全，加强个人信息保护。提升全民数字技能，实现信息服务全覆盖。积极参与数字领域国际规则和标准制定。

四、统筹推进网络信息体系建设，夯实国家安全体系能力

面向统筹网络信息体系建设运用的战略要求，把握网络信息体系是汇聚信息技术创新的“应用体系”的基本特征，坚持需求牵引、技术驱动，以网络信息体系能力生成为导向，遵循正向设计发展模式，将国家需求转化为技术要求，指引信息技术发展方向；探索新技术对网络信息体系能力生成模式的变革，把科技优势转化为网络信息体系能力优势。

第二节　战 略 目 标

以 2030 年、2040 年为两大关键节点，分阶段逐步推动信息与电子领域实现工程科技自立自强，同时使能其他各领域交叉融合发展，提升我国的综合科技实力、产业实力、装备实力，增强国际话语权，实现网络强国、数字中国、智慧社会建设目标。

到 2030 年，我国信息与电子领域将在众多关键核心技术中取得实质性突破，实现部分关键前沿领域提前布局，为推动信息与电子领域高质量发展奠定坚实的技术基础及产业优势：实现量子测量技术、超构材料等微纳光子技术、极端环境下的目标探测感知技术、雷达认知探测、光电认知成像技术等一大批关键核心技术的重大突破，推动共性基础技术快速发展；推动高端芯片所需的主要节点集成电路工艺和

核心装备、计算技术与应用软件等领域实现关键核心技术突破，提高产业竞争力。完成对以硅光子与微电子混合集成芯片技术、碳化硅芯片、碳基芯片等为代表的前沿领域的提前布局；全面实现空间信息网络、互联网、移动通信网的深度融合，基于世界领先的网络系统安全理论构建适应国内信息系统的网络系统信任体系；构建应用软件、人工智能和算力基础设施，为人工智能技术的普惠化应用奠定基础；实现我国智能与控制总体技术和应用与世界先进水平同步，自主智能赋能产业成为新的重要经济增长点，自主智能技术应用成为改善民生的新途径。

到2040年，我国信息与电子领域工程科技发展将整体进入新的阶段，实现技术先进、产业发达、应用领先、安全有保障的战略目标：持续推进科技自立自强发展，核心信息技术受制于人的局面得到根本性改变，并成为推动全球信息技术领域创新与突破的关键力量，不断提升引领性；基本形成自主创新与安全可控的信息产业生态体系；部分信息技术应用全球领先，并在大量应用标准的制订上具有决定性话语权；数据资源开发与利用体系基本建立，建成成熟的数据要素市场体系；在初步建成网络强国的基础上持续稳健发展，网络空间综合实力进入全球第一梯队。

（一）共性基础领域

发展数字化、网络化、智能化的超精密测量仪器，建设以量子化测量为核心的国家现代化先进测量体系，推动超材料与超构表面器件技术、微波光子技术等新型微纳光子技术的研发应用，实现光量子芯片、碳基芯片、超表面与超材料等下一代信息处理领域进入国际先进水平的目标。面向2040年，共性基础领域分阶段战略目标如下。

到2030年，在测量技术方面，关键领域测量技术取得重大突破，基本建成以量子计量为核心、科技水平一流、符合时代发展需求和国际化发展潮流的国家现代化先进测量体系。在使能技术方面，高端芯片所需的主要节点集成电路工艺和核心装备实现关键核心技术突破，集成电路产业进入发展快车道，基本满足国内需求；硅光子与微电子混合集成芯片、碳化硅芯片、碳基芯片等新型芯片领域提前布局；在超构材料等微纳光子技术方面实现设计和工艺上的突破。

到 2040 年，在测量技术方面完全建成以量子化测量为核心的国家现代化先进测量体系，量子计量基准装置核心零部件国产化率达 80%。在使能技术方面，攻克支撑信息产业、先进制造、国防安全的关键使能技术，实现自立自强，使能领域产业高质量发展水平显著提升，实现国内芯片等使能产品的保障能力和科技创新能力大幅提高，下一代芯片制造技术具备国际先进水平；新一代超构材料等微纳光子技术广泛应用于信息领域和先进制造领域。

（二）探测与感知技术领域

探测与感知技术将进一步向小型化、智能化、集成化、分布式、多用途、多手段方向发展，发展新一代的智能感知技术，建立全面国产化的新一代感知系统制造体系，强化多任务的协同探测、认知探测能力，从而实现智能化、网络化、精准化的探测感知。面向 2040 年，探测与感知技术领域分阶段战略目标如下。

到 2030 年，在光学探测方面，提升光探测器的灵敏度和分辨率，使其能够探测到更低强度的光信号，并提供更精细的光谱分析；研发具有更高响应速度的光探测技术，满足高速通信、激光雷达等应用的需求；通过优化探测器的设计和使用材料，实现纳秒级甚至皮秒级的响应速度，提升系统的实时性能；研发具有多光谱探测能力的光探测技术，该光探测技术将能够同时探测不同波长范围内的光信号，结合人工智能技术，实现光探测数据的智能化处理；通过算法优化和机器学习技术，自动分析探测数据，提取有用信息；推动光探测技术的集成化和模块化发展，研发出小巧、高效、易于集成的光探测模块，实现光探测功能的快速部署和应用。在感知技术方面，突破强电磁、超高速、超高温等极端环境下的目标探测感知技术；突破雷达认知探测、光电认知成像技术，实现探测系统的初步智能化；突破集群协同感知关键技术，具备信号级融合协同感知、资源在线分配能力；突破验证亚像元技术和波前编码成像、光学合成孔径等关键核心技术，全面达到1m地元分辨率水平，并在高性能成像芯片、高性能激光光源方面进一步缩小与国际先进水平的差距；突破验证亚波长结构界面光学技术、远场超分辨荧光显微成像等关键核心技术。

到2040年，在光学探测方面，研发超高灵敏度的光探测技术，能够实现对微弱光信号的精确探测；实现宽光谱范围的光探测技术，能够覆盖从紫外到红外甚至更宽的光谱范围；研发出具有纳秒级甚至更高响应速度的光探测技术，实现对光信号的快速捕获和处理；利用人工智能算法实现光探测系统的自适应调节和优化，降低人为干预的需求；光探测技术实现集成化和小型化，满足便携式和可穿戴设备的需求；研发出高性能、低功耗的光探测芯片和模块，实现光探测功能的普及和应用。在感知技术方面，发展新一代智能感知技术，构建完善的多模态协同探测感知基础理论和保障体系，形成从软件算法到硬件系统的耦合式共同发展；构建任务反馈引导的感知新范式，改变原有感知技术与后续任务认知相对独立的模式，实现“任务反馈引导感知方式自适应变化，感知结果促进后续任务认知”的大闭环体系；建立全面国产化的新一代感知系统制造体系，解决现有感知系统部分核心部件依赖进口，国产能力不足的问题，打通以元器件制造、传感器研制、应用任务部署为主线条的全面国产化智能感知技术链条。

（三）通信网络及其安全领域

全面实现空天地海一体化算网融合可再生通信，全面突破超低能耗原生绿色的通信和网络系统，形成面向未来智能网络的自适应、自修复、自增强等的安全防护体系。面向2040年，通信网络及其安全领域分阶段战略目标如下。

到 2030 年，光通信作为一种以光波为载波的通信方式，凭借其高速、大容量、低损耗和抗干扰能力强的特点，成为当时现代通信领域的重要支柱。在传输技术方面，通过采用更先进的调制技术、编码技术和复用技术，以及研发和应用新型光纤，光通信系统的传输速率、容量、距离得到了显著提升；在智能化方面，光通信正逐步实现从单一传输到智能感知的转变，实现对网络资源的智能调度和优化。同时，光通信还与其他感知技术相结合，形成了多模态的感知网络，为未来的智慧城市、智能交通等领域提供了强大的技术支持。

全面实现空间信息网络、互联网、移动通信网的深度融合。全面突破空天地海一体化融合技术、立体绿色覆盖技术、甚大容量传输技术、柔性可重构组网技术、实现全域全场景覆盖，以及大容量接入与传输；全面突破智能计算与通信传输一体化技术、网络自治自演进技术，实现高效可靠的信息传输；全面突破自动化复杂网络管控技术，研发空天信息互联系统全环境全能力全息孪生装置，模拟空天信息系统全环境（包括物理空间和网络空间），对空天地海一体化网络进行智能测试和评估。

在网络系统安全理论方面达到世界先进水平，构建适应国内信息系统的网络系统信任体系，建立通感算融合的云网端一体化安全保障结构，实现智能信息系统的内生安全管理和未知攻击检测阻断与溯源。

到 2040 年，光通信领域将迎来全新的发展阶段，研发出更高速、更大容量、更远距离的光通信技术，能够实现 Tbps 级别的传输速率，实现全球无缝覆盖；构建起全光网络架构，实现光信号在整个网络中的直接传输和处理，全光网络将支持多种业务类型的传输，包括高速数据传输、视频通信、云计算等；智能化光通信技术实现了光通信系统的智能化管理和优化，能够自动调整传输参数、优化路由选择，支持自动化运维和故障诊断；推动光通信与量子通信、光电子集成技术的融合，发展更加安全、高效的光通信设备。

全面实现空天地海一体化通信，全面实现网络无时无处不在。构建异构融合网络信息论、语义信息论、电磁信息论；建立可编程智能电磁环境主动调控理论与技术，实现空天地海全域深度覆盖、Tbps高速率传输、环路毫秒级低时延的分布式智能无线通信组网架构及协同传输技术。全面突破超低能耗原生绿色的空天地海一体化全业务综合服务的无线通信技术、可再生网络技术，构建可操控电磁环境低时延无线通信系统和自组织网络。面向我国“双碳”目标，全面突破超低能耗原生绿色的通信和网络系统，强化对电磁环境的操控能力，形成低时延可再生的自组织网络新范式和新能力。

深度变革传统网络安全防护模式，构建完善的智能网络协同安全基础理论和协同安全保障体系，实现跨层跨域组合安全、云网端协同安全、通感算融合安全、任务规划与执行安全等；构建跨层跨域组合安全理论，形成纵横交错的智能网络安全保障体系，实现安全保障可组合、可验证和可扩展；构建云网端协同一体化安全保障体系，保障智能网络的协同安全，实现安全保障能力的自适应和自修复；突破通感算融合安全技术，实现通信、感知和计算的安全融合，实现安全保障的智能化和保障能力的自增强；突破任务规划与执行安全技术，确保任务系统的功能安全，实现任务执行的安全伴随和实时研判。

（四）计算、软件、智能与控制领域

在相应的计算理论、系统结构模型、算法、系统软件、工业软件等方面实现充分自主和高水平自给，打造世界算力强国，构建世界领先的智慧化应用软件生态，在类脑智能、自主智能、混合智能和群体智能等领域取得重大突破，智能与控制理论、技术与应用方面总体达到世界领先水平。面向2040年，计算、软件、智能与控制领域分阶段战略目标如下。

到2030年，在开源处理器、3D芯片集成、操作系统软件、工业软件自主研发等方面取得实质性初步突破，实现自给率80%以上。在

应用软件方面，率先实现 Web3.0；同时，面向异构运行、云边端协同的泛在应用场景，构建应用软件、人工智能和算力基础设施，为人工智能技术的普惠化应用奠定基础。

实现我国智能与控制总体技术和应用与世界先进水平同步。自主智能赋能产业成为新的重要经济增长点，自主智能技术应用成为改善民生的新途径，有力支撑我国发展智能制造，实现美丽中国、健康中国、“双碳”目标。其中自主智能理论和技术取得重要进展。人工智能、大数据智能、跨媒体智能、群体智能、混合增强智能等基础理论和核心技术实现重要进展，自主智能方法、核心器件、高端设备和基础软件等方面取得标志性成果。自主智能产业竞争力进入国际第一阵列。初步建成自主智能技术标准、服务体系和产业生态链，培育若干全球领先的自主智能骨干企业。自主智能发展环境进一步优化，在重点领域全面展开创新应用，聚集起一批高水平的人才队伍和创新团队，部分领域的自主智能体系初步建立。

到 2040 年，在量子比特制备、固态量子芯片、精密集成电路制造等方面取得实质性突破，芯片和基础软件实现自给率 99%以上。全面实现算力的充分自主供给与高效利用，在相应的计算理论、系统结构模型、算法、系统软件、工业软件等方面实现充分自主和高水平自给，计算产业高质量发展水平显著提升。总体上实现国内算力保障能力和科技创新能力大幅提高，经略国内东西部算力资源，打造世界算力强国。

在应用软件方面，推进人工智能在应用软件领域的广泛应用，实现虚实贯通的全方位“神似”沉浸感、可智控演化的“自由和谐”交互、“人在回路”的泛在认知拓展和智能增强；同时，完善相关技术、人文、法律等方面的实践规范体系，实现各类应用软件的智慧化能力按需嵌入和无缝应用，构建世界领先的智慧化应用软件生态，为实现社会经济转型升级、全面建成社会主义现代化强国提供软件支撑。

在智能与控制理论、技术与应用方面，总体达到世界领先水平。

我国成为世界自主智能创新中心，智能经济、智能社会取得明显成效，助力我国发展智能制造、美丽中国、健康中国，以及实现“双碳”目标，为跻身创新型国家前列和经济强国奠定重要基础。形成较为成熟的自主智能理论与技术体系。在类脑智能、自主智能、混合智能和群体智能等领域取得重大突破，在国际自主智能研究领域具有重要影响，占据自主智能科技制高点。自主智能产业竞争力达到国际领先水平。自主智能在生产生活、社会治理、国防建设各方面应用的广度和深度极大拓展，形成涵盖核心技术、关键系统、支撑平台和智能应用的完备产业链和高端产业群。形成一批全球领先的自主智能科技创新和人才培养基地，建成更加完善的自主智能的规范和体系。

第三节　总体架构

面对当前及未来世界新形势、新格局，应夯实信息与电子领域发展基础，提升信息产业综合实力和整体竞争力，全面支撑我国建设世界科技创新强国的战略目标。面向2040年，信息与电子领域应以“技术先进、产业发达、应用领先、安全有保障”为战略目标，集中优势力量为高质量完成领域发展重点任务提供全方位保障；聚焦领域关键技术、关键共性技术、基础研究方向开展体系化、建制化攻关研究，从根本上改变核心信息技术受制于人的局面；以重大工程、重大工程科技项目为抓手，围绕共性基础领域、探测与感知技术领域、通信与网络及其安全领域、计算技术与应用软件领域、智能与控制领域等方面，着力提升信息与电子领域核心竞争力，推动领域实现全面发展；提高信息与电子领域的引领带动作用，着力构建自主安全可控的信息产业生态体系及跻身国际领先水平的网络空间实力，夯实信息与电子领域发展基础，实现信息技术与其他各行业深度融合跨越发展，助力科技强国、网络强国、数字中国建设及国家安全发展。信息与电子领域工程科技发展总体架构如图 4-1 所示。

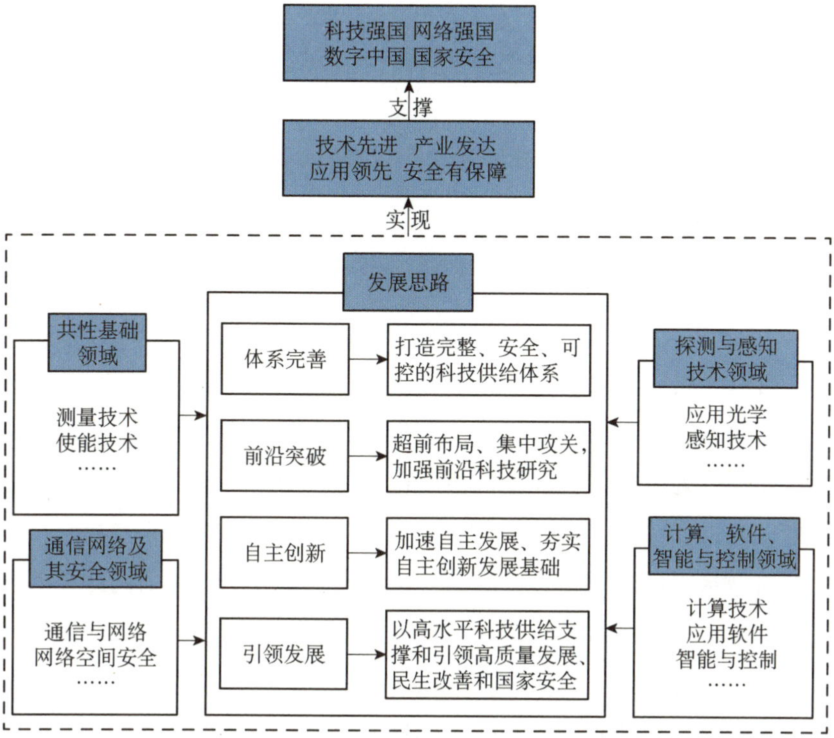

图 4-1　信息与电子领域工程科技发展总体架构

第五章　中国信息与电子领域工程科技重点任务和发展路径

第一节　重 点 任 务

当前，我国正向第二个百年奋斗目标迈进，国际国内环境和形势正发生根本性转变，新一轮科技革命和产业变革突飞猛进，大国间的科技竞争更为激烈，挑战和机遇并存。在新的历史起点上，需要系统思考、长远谋划信息与电子领域技术攻关和工程科技未来发展，探索实践新型举国体制，在共性基础，探测与感知技术，通信网络及其安全，计算、软件、智能与控制等重点领域形成独特优势，加快关键技术攻关、实施重大工程、推进重大工程科技项目、夯实产业基础能力，推动新一代信息技术加速与各行业的融合，驱动经济社会发展进入新形态。

一、共性基础领域

（一）测量技术

以支撑数字生产、智慧生活为目标，在不断突破测量精度的同时，注重测量标准和测量仪器的微型化与智能化发展，开发远程、动态、虚拟测量技术，推动国家重点产业转型升级，提高社会效率，支撑我国数字经济蓬勃发展。

重点任务包括：①持续推进量子测量技术研究与工程化应用，开展 SI 基本单位的量子化实现技术研究；研制嵌入式、芯片级计量基准和标准器件；研究基于单（多）原子/离子/晶体的量子调控测量技术；

在导航、遥感、探测、勘探等重点领域率先开展量子传感器研制，进一步提升测量精确度。②构建数字测量体系，开发具备机器可读性的计量语言，研制 D-SI 与数字校准证书，并推动其国际通用，形成完善的数字计量基础设施；开展计量数据库、数字测量标准的开发建设，逐步建立虚拟测量能力；开展动态（在线）测量技术研究；开展人工智能可信性评估量化方法研究；拓展数字测量能力应用，在工业制造、遥感探测、生命科学、环境监测等国家重点战略领域加快建立数字计量技术体系。

（二）使能技术

聚焦集成电路关键技术、新型芯片技术、超构材料等微纳光子器件技术等关键技术突破，以芯片、微纳光子器件等信息领域核心器件产业化为目标，围绕国产设计仿真软件、关键材料、关键设备、关键工艺，形成从零部件研发到整机集成的成套制造体系，满足国家信息产业发展对关键装备的需求。

重点任务包括：①集成电路关键技术、设备与产业化，攻克集成电路全产业链中关键环节，包括国产集成电路设计软件、光刻胶等关键材料、光刻机和芯片封装测试等关键设备、纳米和亚纳米芯片先进制程工艺等，并进行产业化。②新型芯片技术研发与产业化，加快大容量光存储芯片技术、硅光子与微电子混合集成芯片技术、碳化硅芯片、碳基芯片等新型芯片技术研发，攻克新型芯片设计软件、关键制造设备、制造工艺等全流程关键技术及装备，并进行产业化。③超构材料等微纳光子器件研发与产业化，加快以超构材料与超表面、微波光子器件、表面等离子激元器件、光学微腔、微纳光纤器件等为代表的微纳光子器件研发，攻克国产电磁场仿真软件、多物理场耦合仿真软件、微观形貌测试设备、多物理场测试设备、大尺寸与柔性微纳器件关键制造设备和制造工艺等，并进行产业化。

二、探测与感知技术领域

（一）应用光学

面向我国陆、海、空、天信息安全的需要，加快构建安全、可靠、高效的空间信息网络已成为提升国计民生建设能力、服务国家重大战略构想的迫切需要。对此，亟须突破天地一体化的空间目标光电探测技术及空间信息网络与激光通信组网技术，实现高精度、高实时、多维度、多功能、宽谱段光电探测、识别、防护、评估与信息传输，从而为提高我国空间目标态势感知能力及构建空间目标监测、预警与对抗体系奠定技术基础。

重点任务包括：①开展天基偏振光谱成像、激光测距及信息传输一体化空间目标成像探测新原理、新方案研究，提高空间目标探测概率；开展星上多源图像数据融合与识别处理算法研究，实现空间目标的精准探测与属性识别；开展空间目标双动态稳定跟踪与主被动结合高精度测距技术研究，提高空间目标跟踪精度和轨道预报精度；开展空间目标轨道数据智能化处理技术研究，满足卫星测控、编目管理需求。②开展激光通信组网技术研究，通过激光通信链路使空间信息网络各节点互联互通形成光互联空间信息网络，实现数据、情报与决策信息的实时安全高速传输和交换，与微波、太赫兹融合，建立天地一体的多骨干、具有复杂拓扑结构的激光网络，对于推动我国社会、经济发展与国防建设，维护我国国家安全和牢牢把握军事斗争主动权，意义十分重大。③开展激光通信网络节点同时收发的机理与方法研究，突破一对多同时激光通信终端光机电轻小型化设计技术、超高速率激光调制技术、高灵敏度激光信号探测技术、多波长通道激光器阵列芯片制造技术，突破激光通信及空间信息组网、探测信息高速率激光传输等关键技术，解决空间激光通信组网和工程应用等难题。④开展空间目标探测信息的高速传输与组网应用研究，达到多节点间通信速率100Gb/s，实现我国空间激光通信高速安全组网的跨越式发展，达到国际先进水平（部分技术国际领先），同时为我国经济社会发展做出重大贡献。

（二）感知技术

构建智能感知新框架，推动集群感知发展实现智能化、自主化、群体化，重点发展智能感知系统及关键技术，以及集群智能协同感知系统技术。

重点任务包括：①智能感知系统将重点突破多模态传感系统结构、全天候目标感知、目标特性推断和目标行为识别等关键技术，解决现有感知体制在快速全面感知、精准测量和时空范围限制等方面的难题，以多模态观测、自主感知技术和人工智能相结合的技术路线，构建智能感知新框架，满足军用侦察探测、智慧生产生活等众多领域对感知系统全天候、大范围作业及自主智能化的迫切需求。其关键技术群包括：智能感知系统理论、电磁频谱智能博弈理论与技术、系统资源在线分配理论及工作模式智能优化理论、复杂高维信息智能提取理论及技术、智能系统性能评估理论与方法。②集群智能协同感知系统将重点突破复杂环境的自主协同感知与理解、自主行为协同规划与决策、自主控制与任务执行等关键技术，以机器学习、多智能体协同对抗博弈技术结合“感知-建模-规划-运动”的控制理论为技术路线，创新发展集群感知体系，实现多平台、多传感器数据融合，构建面向任务的集群协同行为开发框架，满足集群感知发展的智能化、自主化、群体化趋势，为维护国家稳定和军民两用提供技术支撑，具有重大科技价值、应用价值和经济价值。其亟须突破的关键技术群包括：集群协同感知信号和信息融合理论与方法、面向任务的集群协同控制及资源分配、多智能体协同对抗博弈技术、集群智能协同感知性能评估理论与方法。

三、通信网络及其安全领域

（一）通信与网络

围绕“时空无限、智慧服务、孪生管控”网络发展目标，聚焦空天地海全域覆盖、智能传输与绿色通信等核心领域，突破异构融合组网、超低功耗通信等基础理论，构建柔性可重构网络架构体系，形成智能内生技术能力，为万物智联与行业数字化转型提供新一代信息基础设施支撑。

重点任务包括：①突破空天地海一体化全业务综合服务的无线网络技术，建立异构融合网络信息论、超低功耗绿色无线通信理论，突破柔性可再生网络技术，构建全业务综合服务的空天地海一体化通信网络；②突破立体绿色覆盖技术、甚大容量传输技术，实现全域全场景覆盖及大容量接入与传输；③突破智能计算与通信传输一体化技术、网络自治自演进技术，实现高效可靠的信息传输；④突破自动化复杂网络管控技术，研发空天地海信息互联系统全环境全能力全息孪生装置，模拟空天地海信息互联系统全环境（包括物理空间和网络空间），对空天地海一体化网络进行智能测试和评估，全面提升我国信息网络的服务保障能力。

（二）网络空间安全

重点突破智能网络系统协同安全基础理论，形成协同安全理论体系，实现云网端协同安全、通感算融合安全、跨层跨域组合安全、任务规划与执行安全等，为提升我国网络安全保障能力提供重要支撑。

重点任务包括：①研究可组合安全理论与跨层跨域的组合安全保障体系，智能网络系统安全可证明、安全可验证、安全可组合、安全可重构等的理论与方法；物理层安全与密码学融合的跨层安全组合，跨域安全组合协同保障机制。②研究通信与计算融合的云网端一体化安全技术，通信与计算融合的安全保障体系、云网端一体化安全保障体系；智能网络系统安全内生安全机理，知识驱动的未知攻击防御技术；智能系统的数据流和控制流验证，零信任下的智能系统持续鉴权与海量设备身份管理，智能系统核心模块的安全验证技术。③研究功能确保的复杂任务规划与执行安全保障机制，智能网络应用系统的复杂任务安全规划与协同执行、确定性任务安全约束内嵌、功能安全确保与动态验证技术。

四、计算、软件、智能与控制领域

（一）计算技术

提高计算系统的可扩展性，实现高通量服务功能，推动计算平台及应用软件实现智慧化、泛在化发展，重点支持高度并行和高频突发数据的体系结构、系统软件和编程模型开发，以及海量并行、高可靠系统的高敏捷度的芯片设计工具套件技术研究。

重点任务包括：①支持高度并行和高频突发数据的体系结构、系统软件和编程模型开发，需重点突破满足动态需求且保证利用率的软硬件协同技术，以支持高通量的计算系统数据通道和存储模型、从芯片到系统和应用的功耗控制方法、从芯片到系统和应用的故障自我管理原理为关键技术群，提高计算系统的可扩展性，达到提供有质量保证的高通量服务的目标，满足国家和行业发展的算力基础设施化需求。②海量并行、高可靠系统的高敏捷度的芯片设计工具套件开发需重点突破芯片敏捷设计技术，研究性能评测方法及工具、功耗分析与规模扩展方法及工具、系统性能与功耗和可靠性关系及工具、定制处理器的低功耗理论、新型存储器芯片开发方法及工具，实现实用化的系统开发工具开源化及其无缝集成和衔接，满足处理器芯片和存储芯片的敏捷设计需求。

（二）应用软件

1. 发展智慧化泛在计算应用软件生态，支撑以智能计算为核心的应用软件产业创新

重点突破泛在计算、云边端协同计算、移动计算、智能感知计算、数字信任、虚拟现实等先进软件技术，创造具备跨云边端无缝运行、开放柔性集成、持续敏捷演化等核心能力的应用软件，确立并实施相关核心标准，形成万物互联、人-机-物融合、软件定义一切的关

键技术基础和新型泛在计算应用生态，满足面向经济社会重要行业领域的智能制造、智能系统构建等迫切需求，加速产业经济转型升级和社会组织进化变革。

重点任务包括：①面向异构运行、云边端协同的泛在应用场景，重点突破应用软件智慧化基础设施参考架构和标准体系。②与行业典型需求和云边端协同计算技术、感知技术、数字信任技术等紧密结合，重点突破人工智能在硬件、软件平台和核心算法等基础设施的可用性、适应性、可及性、可信性等方面关键技术，形成普惠型的应用软件智慧化基础设施。③推进人工智能在应用软件领域的广泛应用，突破人工智能在各应用领域落地“最后一公里”的关键技术，完善相关技术、人文、法律等方面的实践规范体系，实现各类应用软件的智慧化能力按需嵌入和无缝应用，构建世界领先的智慧化应用软件生态。

2. 打造虚实贯通的新一代沉浸式混合增强智能计算平台，支撑 Web3.0 相关的国家战略发展

突破“多时空贯通环境的智能构建与可交互演化的智能增强”这一重大核心科技问题，打造“虚实贯通的新一代沉浸式混合增强智能计算平台”，将以沉浸性、交互性和构想性为核心特征的虚拟现实 1.0 升级为以虚实贯通、智控演化、智能增强为核心特征的虚拟现实 2.0，率先实现 Web3.0，支撑国家未来发展。

重点任务包括：虚拟现实智能图形引擎、虚拟现实装置与操作系统、数字孪生构建与运行平台，以及空天装备数字孪生、未来战争实验室和虚拟生理人体等领域的重大创新应用。

（三）智能与控制

1. 决策控制技术

发展智能感知、跨层融合、决策控制技术，支撑起自主智能无人系统的决策控制一体化理论创新。重点突破高性能感知、多源信息融合、嵌入式决策计算等先进技术，以实现大范围复杂场景建模、学习与任务

理解，并基于此实现复杂信息物理系统的安全决策与控制，满足面向经济社会重要行业领域的数据处理和实用化人工智能系统构建等迫切需求，助力以自主无人系统为代表的人工智能等行业快速发展。

重点任务包括：①发展高性能感知技术，重点研究信息物理系统在复杂、开放、动态、对抗环境中的高精度感知方法，揭示下一代生物、物理、化学新型传感器机理，研发下一代新型传感材料和器件，实现无人系统的超人类感知能力。②面向科学前沿，研制高性能多场融合智能感知器件，包括类脑仿生多元传感机理与电子器件、超构材料光声电磁等感知机理和传感器件、超精密位移测量与智能控制技术等。③发展多源跨层信息融合技术，重点研究数据层融合、特征层融合和决策层融合方法，将D-S证据理论、模糊理论、神经网络和贝叶斯方法等智能技术有机结合起来，建立多源信息融合技术体系，并将其应用于实际信息融合问题，优化信息物理系统的决策过程。④发展形式化、可验证、可证明的安全可信决策控制技术，重点研究面向决策控制逻辑安全性与可靠性的形式化验证，构建安全攸关信息物理系统决策控制一体化验证平台并开展应用验证研究，以检验信息物理系统在复杂开放环境下实现鲁棒与适应的能力。

2. 复杂管理系统相关技术

重点研究数据驱动、机器学习、混合智能增强等技术，对社会群体行为、传染性疾病、生态环境变化等大规模场景进行建模及预测，面向群体智能涌现形成的正反面复杂社会行为给出新的理解方式，以使国家对国内情况及时做出宏观把控与干预。

重点任务包括：①研究面向决策场景的知识发现、挖掘和建模，研究政策智能的心理和行为建模，并对政策智能情境下的社会群体与社会需求进行挖掘。加强大数据驱动的政策多维解析研究，重点考虑政策要素分析、关联发现及因果分析，并基于政策场景进行大规模计算推理，基于复杂网络进行政策建模与信息扩散分析。②重点研究传染病传播模型，利用图神经网络与内嵌物理知识预测训练病例数据，降低传染病传播预测的滞后性与错误率，为疫情防控政策的宣传、医院及时调整治疗方针提供基础理论支撑。③研究混合智能增强技术，突破复杂环境的可信感知和深度理解、动态决策系统的发展瓶颈，实现由当前机器学习到“学习机器”的重大转变。重点研究认知计算模型、开放物理环境中人机交互与任务协同方法、自主学习机器、物理驱动的混合智能计算架构。研发针对指数级复杂任务的下一代深度学习模型与智能芯片相结合的混合增强智能系统。

3. 复杂场景信息物理系统协同对抗技术

聚焦感知、混合增强决策、博弈对抗与跨域等核心方向，重点突破跨域异构数据融合、博弈对抗模型优化及抗干扰能力提升等难题，实现对复杂动态场景下信息物理系统的协同对抗，揭示智能体协同中“群体博弈-环境反馈-策略涌现”的复杂作用机理，为国家安全防御体系提供动态韧性支撑，推动从“局部被动响应”向“全域主动制衡”的范式跃迁。

重点任务包括：①发展不同复杂场景下信息物理系统的自主姿态变换控制技术。设计高效可变结构与轻量化的机体构型，结合高机动性、高自由度、低功耗的多轴全向自主无人系统运动及姿态切换方法，以及抗扰控制、集群控制、智能决策、容错技术、多传感器融合等强鲁棒性设计方法，突破恶劣环境对自主无人系统运行的限制条件，重点解决跨域差异化环境对自主无人系统作业的影响，研发水空两栖、陆空两栖等变结构载体。②发展静态环境下多自主智能体集群的多任务博弈模型的建模方法。在各类模型假设下，完成多任务博弈模型解的性能分析；在网络环境和数据分布条件下，发展分布式的模型均衡求解算法；研究不完全信息和局部通信条件下的多任务博弈学习理论。③研究动态博弈机制设计与分布式学习技术。研究多种常见类型的多任务静态博弈和动态博弈的机制设计及其分布式学习方法；多任务静态博弈调和率的系统优化方法，实现基于网络数据和个体交互信息的机制设计在线学习；多任务动态博弈决策条件下的动态系统稳态调节方法，以及其在复杂不确定信息下的抗干扰调节；基于迁移学习的多任务调和率优化策略。

4. 可解释、可通用的下一代人工智能理论与技术

以加速推动数据互联互通，打造未来信息化新平台为主题，重点研究基于学习算法的下一代科学计算、基于脑科学的下一代人工智能理论、可信可解释人工智能等技术；重点突破无监督学习、经验记忆利用、注意力选择等难点问题，研究数据驱动和知识指导相结合的人工智能新技术；研究跨媒体推理、直觉顿悟等探索式机器自主学习方法，形成整合逻辑规则、概率统计和数据驱动等人工智能学习方法的统一框架；研究人与智能体的博弈模型及智能体在线学习技术，形成类人博弈智能基础模型；构建“人在回路”的环境理解与人机混合智能系统，形成在特定领域达到类人智能水平的人工智能。

重点任务包括：①发展基于学习算法的下一代科学计算。在建模工具方面，重点研究基于强化学习探索的、可进化的数学建模工具开发；在医学方面，重点研究基于变换器网络与几何深度学习的蛋白质行为建模及多目标药物分子生成；在物理应用方面，重点研究基于内嵌物理知识神经网络的下一代流体力学、结构力学、空气动力学等数值计算平台开发。②发展基于脑科学的下一代人工智能理论。针对典型的生物医学问题、燃烧多尺度问题和动力学问题，通过融合物理模型与机器学习方法，探索复杂生物体系变量隐含物理关系的挖掘方法，建立构效关系的数学表达，构建具有通用性的跨尺度人工智能辅助计算理论和方法，解决典型复杂多尺度计算问题。重点研究模拟人脑尖峰神经元的新型深度学习算法，基于压缩感知和稀疏编码的下一代计算机视觉软件算法与硬件电路，基于神经形态计算的脉冲神经网络软件算法、芯片及其硬件平台和软硬件协同平台应用等生物医学与人工智能交叉方法、应用。③发展可信可解释人工智能。基于对未来数据和虚拟世界中可能发生的事件，寻找事件之间的因果关系，为政策制定者应对至今还不清楚的未来场景提供应急方案。支持引入人为干预和反事实情况下的推理，为决策者提供对可能未来形势的预测和推演。重点研究基于因果推理等技术的可信人工智能，以恢复数据中的因果关联，提高人工智能系统决策的可

解释性和泛化能力，实现人类知识与机器智能的融合和人机互信。

5. 类脑智能、脑机接口及智能可穿戴泛在系统技术

研究硅基类脑芯片、光电子类脑芯片和忆阻器类脑芯片等新型类脑芯片的设计体系和工具链。探究人体能量转化和利用的极限，结合控制科学、材料科学、人工智能、电力电子等多学科领域的研究基础，实现能源流、信息流和控制流的相互融合与转换。

重点任务包括：①突破类脑智能机理，发展类脑智能理论、类脑智能应用的数学建模方法、脑机接口及认知干扰技术，实现类脑智能系统的高效设计与优化，人体的体力、感知及认知增强，人脑认知功能与状态的干预，认知障碍相关重大脑疾病的高效持续干预。②研究并解决可穿戴设备中持续供能、关键信息提取、分布式决策等关键性难题，充分利用广泛存在于人体和空间的能源，实现低功耗电子设备不依赖电池自主供电，为可穿戴电子设备提供能源，构建未来人体能源脑、骨骼等。③从感知、物联、计算、系统、交互五个维度颠覆现有智能系统的设计与技术，实现万物智能，带动新一轮的信息技术产业变革，推动类脑芯片、类脑机器人、智能可穿戴等的发展，并在解决瘫痪、中风、帕金森病等神经功能损伤的疾病中有重要潜在应用价值。

第二节 发展路线图

面向 2040 年，信息与电子领域工程科技发展以科技强国、网络强国、数字中国建设及国家安全发展战略需求为导向，着力推动实现技术先进、产业发达、应用领先、安全有保障的战略目标。应对未来发展新形势、新要求，信息与电子领域以 2030 年为节点形成两阶段具体发展目标，即到 2030 年，推动信息与电子领域关键技术取得实质性突破，实现部分关键前沿提前布局，为推动信息与电子领域实现高质量发展奠定坚实的技术基础及产业优势；到 2040 年，我国信息与电子领域工程科技发展将整体进入新的阶段，实现技术先进、产业发达、应

用领先、安全有保障的战略目标。

为支撑上述发展战略目标的实现，信息与电子领域工程科技的发展重点围绕共性基础领域、探测与感知技术领域、通信网络及其安全领域、计算领域、软件领域、智能与控制领域开展重点任务部署，统筹部署数字测量体系筑基工程、面向光刻机等高端制造装备的超精密测量筑基工程等重大工程，以及新型量值传递溯源技术、超构材料与超构表面器件技术等重大工程科技项目，充分发挥工程项目对工程科技的牵引作用，推动信息与电子领域工程科技实现跨越式发展，满足经济社会发展的重大需求，为建成社会主义现代化强国提供全面支撑。

基础研究及共性技术的突破是推动信息与电子领域工程科技持续发展的基础和源头。在基础研究方面，信息与电子领域应重点聚焦量子精密测量与传感、数字空间的测量体系创新、生命数字化表征技术体系、先进芯片与调控器件研究、天地一体化的空间目标光电态势感知、空间激光通信组网技术、微波无线传能技术基础、原子接收机理论与技术、微波量子雷达技术基础等方向开展基础研究，以此为推动信息与电子领域围绕创新链实现体系化发展及创新生态化的良性循环夯实基础。在共性技术发展方面，根据技术预见分析调查结果及专家研判，信息与电子领域在 2030 年前需重点突破超高分辨率精密测量技术、量子测量技术、6G 通信技术、复杂场景全域感知与智能认知技术、空间信息网络与激光通信组网技术、天地一体化的空间目标光电态势感知技术、智能系统的安全可重构技术等本领域关键共性技术；2035 年前需重点突破硅光子与微电子一体化芯片技术、类脑智能技术与系统、感知传输处理存储执行融于一体的智能微系统等本领域关键共性技术。

信息与电子领域工程科技发展应坚持科技创新和制度创新双轮驱动。为推进和保障信息与电子领域工程科技持续发展，支撑重大工程及科技项目、基础研究突破，应实现领域体系化布局及战略性统筹发展，推进创新链产业链双链融合，重视领域工程科技人才和基础人才培育及发展，切实推动信息电子领域筑基保底工程的实施。

面向 2040 年的信息与电子领域工程科技发展路线图，见图 5-1。

<table>
<tr><th></th><th>至2025年</th><th>2026—2030年</th><th>2031—2035年</th><th>2036—2040年</th></tr>
<tr><td rowspan="2">需求</td><td colspan="4">网络强国建设</td></tr>
<tr><td colspan="4">数字中国建设</td></tr>
<tr><td rowspan="4">目标</td><td colspan="2">实现量子测量技术、高端芯片关键核心技术、强电磁、超高速、超高温等极端环境下的目标探测感知技术等方面的实质性突破</td><td colspan="2">量子计量基准装置核心零部件国产化率达80%、实现空间目标的精准探测与属性识别、空间激光通信网络标准与协议体系形成规模</td></tr>
<tr><td>全面实现空间信息网络、互联网、移动通信网的深度融合</td><td>构建适应国内信息系统的网络系统信任体系</td><td colspan="2">全面实现空天地海一体化通信，全面实现网络无时无处不在、构建完善的智能网络协同安全基础理论和协同安全保障体系</td></tr>
<tr><td colspan="2">在开源处理器、3D芯片集成、操作系统软件、工业软件自主研发等方面取得实质性初步突破</td><td colspan="2">在量子比特制备、固态量子芯片、精密集成电路制造等方面取得实质性突破，芯片和基础软件实现自给率99%以上</td></tr>
<tr><td colspan="2">实现我国智能与控制总体技术和应用与世界先进水平同步</td><td colspan="2">在智能与控制理论、技术与应用方面总体达到世界领先水平</td></tr>
<tr><td rowspan="11">重点任务</td><td>持续推进量子测量技术研究与工程化应用</td><td>构建数字测量体系</td><td colspan="2">拓展数字测量能力应用</td></tr>
<tr><td colspan="2">攻克集成电路全产业链中关键技术、新型芯片技术、超构材料等微纳光子器件研发</td><td colspan="2">关键使能技术实现产业化发展</td></tr>
<tr><td colspan="2">突破天地一体化的空间目标光电探测技术</td><td colspan="2">提高我国空间目标态势感知能力，构建空间目标监测、预警与对抗体系</td></tr>
<tr><td>开展激光通信组网技术研究，形成光互联空间信息网络</td><td>建立天地一体的多骨干、具有复杂拓扑结构的激光网络</td><td colspan="2">实现我国空间激光通信高速安全组网的跨越式发展，达到国际先进水平（部分技术国际领先）</td></tr>
<tr><td>重点突破多模态传感系统结构、全天候目标感知、目标特性推断和目标行为识别等关键技术</td><td>形成多模态观测、自主感知技术和人工智能相结合的技术路线</td><td colspan="2">构建智能感知新框架</td></tr>
<tr><td>重点突破空天地海一体化全业务综合服务的无线网络技术</td><td>建立异构融合网络信息论、超低功耗绿色无线通信理论，突破柔性可再生网络技术</td><td colspan="2">构建全业务综合服务的空天地海一体化通信网络</td></tr>
<tr><td>重点突破智能网络系统协同安全基础理论</td><td>形成协同安全理论体系</td><td colspan="2">实现云网端协同安全、通感算融合安全、跨层跨域组合安全、任务规划与执行安全</td></tr>
<tr><td colspan="2">重点突破满足动态需求且保证利用率的软硬件协同技术</td><td colspan="2">提高计算系统的可扩展性，达到提供有质量保证的高通量服务的目标</td></tr>
<tr><td>重点突破泛在计算、云边端协同计算、移动计算、智能感知计算、数字信任、虚拟现实等先进软件技术</td><td>发展智慧化泛在计算应用软件生态</td><td colspan="2">支撑以智能计算为核心的应用软件产业创新</td></tr>
<tr><td colspan="2">发展智能感知、跨层融合、决策控制技术</td><td colspan="2">支撑起自主智能无人系统的决策控制一体化理论创新</td></tr>
<tr><td colspan="2">重点研究基于学习算法的下一代科学计算、基于脑科学的下一代人工智能理论、可信可解释人工智能等技术</td><td colspan="2">加速推动数据互联互通，打造未来信息化新平台</td></tr>
<tr><td>关键技术</td><td>云计算干扰测度与优化、智能物端的SoC和泛在操作系统、虚拟与增强现实技术、自然人机交互与呈现技术、新一代人工智能开源开放技术、智能可穿戴泛在系统</td><td>光场成像技术、裸眼3D技术、空间信息网络与激光通信组网技术、超高分辨率精密基础架构及安全管理机制、处理器敏捷设计与跨层优化技术、数字信任技术、支撑智能社会的新型学习技术
量子测量技术、互联网空间的数字计量技术、超高分辨率精密测量技术、动态（在线）测量技术、超构表面光场调控与微纳光子技术、天地一体化的空间目标光电态势感知技术等</td><td>大容量光存储技术、硅光子与微电子一体化芯片技术、微波无线传能技术、原子接收机技术等
生命表征的数字计量技术、量子雷达技术、可穿戴高分辨传感技术、量子通信</td><td>碳基亚纳米集成电路芯片技术、太赫兹通信技术、水下综合光通信技术、水下磁感应通信技术、大规模全光计算系统、类脑智能技术与系统、电磁涡旋通信感知一体化技术、量子计算、脑机接口及认知干预技术</td></tr>
</table>

	至2025年	2026—2030年	2031—2035年	2036—2040年
领域重大工程	量子精密测量仪器与传感器工程化应用初具规模，基本建立国际通行的测量数据通信标准，在国民经济和社会发展重点领域建设计量数据中心，完成测量数字化示范应用，支撑数字化、智能化生产运营等目标		量子精密测量技术、远程、动态、在线测量与校准技术、数字化模拟测量技术等广泛应用于工业制造、遥感探测、生命科学、环境监测等领域，建成先进的数字测量体系，全面实现产业数字化转型升级	
	重点突破零部件层面的超精密测量、分系统层面的超精密测量，实现支撑我国国产7nm工艺节点光刻机产品成体系超精密测量能力		重点提升整机集成层面的超精密测量、整机性能层面的超精密测量、整机全生命周期的超精密测量，实现支撑我国国产3nm工艺节点光刻机产品成体系超精密测量能力	进一步提升零部件层面、分系统层面、整机集成层面、整机性能层面、整机全生命周期的超精密测量，实现支撑我国国产3nm以下工艺节点光刻机产品成体系超精密测量能力，辐射形成碳基集成电路等下一代芯片制造装备的超精密测量能力
	建立一套完备、创新的数字信任基础理论体系和关键核心技术	探索更多前沿科技与数字信任社会的融合创新，提出我国在数字信任领域原生的理论与技术创新，建设多个重大应用，形成全球领先的产业生态		
	研制虚拟现实装置与操作系统内核，研发虚拟现实装置6套，支持不少于3种实时虚拟现实应用；研发虚拟现实智能操作系统，具备至少1个延迟低于2ms的实时任务接口；系统内集成50种核心算法等基础资源；兼容SylixOS、鸿蒙等2种以上内核，具备图形绘制/空间定位/眼球追踪等二次开发环境和接口		形成商业规模化应用的虚拟现实装置与操作系统，完善和研发虚拟现实装置10套；支持多人互联的数字孪生应用；研发和完善虚拟现实智能操作系统；系统内集成100种核心算法等基础资源；构建虚拟现实集成开发、调试环境，支持典型模拟仿真、数字孪生应用；构建云端算法分析、工艺仓库和虚拟现实生态，实现规模化商业应用	
	基于大规模多源异构数据融合和学习平台进入实用化水平；面向人工智能应用的共享开发技术及相关技术标准体系成熟；云边端一体化的国产人工智能应用支撑平台初步构建成果，可实现面向多领域的人工智能系统自动定制		人工智能协同创新平台构建全面成熟，实现在经济、社会、政治、安全、军事等方面的广泛部署和应用，服务能力达到国际领先水平	
	我国自主智能总体技术和应用与世界先进水平同步，自主智能赋能产业成为新的重要经济增长点，自主智能技术应用成为改善民生的新途径		自主智能基础理论实现重大突破，部分技术与应用达到世界领先水平，自主智能成为带动我国产业升级和经济转型的主要赋能方式，智能社会建设取得积极进展，自主智能理论与技术体系初步建立，具有自主学习能力的自主智能取得突破，在多领域取得引领性研究成果	自主智能理论、技术与应用总体达到世界领先水平，成为世界主要自主智能创新中心，智能经济、智能社会取得明显成效，在类脑智能、自主智能、混合智能和群体智能等领域取得重大突破，在国际自主智能研究领域具有重要影响，占据自主智能科技制高点
领域重大工程科技项目	新型量值传递溯源技术：掌握数字化测量全流程关键技术，实现一系列先进测量仪器与传感器等关键核心装备的自主可控，建立健全相关的测量数据标准体系、技术规范体系和产品质量认证体系，推动工业制造、遥感探测、生命科学、环境监测等产业领域高质量、数字化发展			
	超构材料与超构表面器件技术：实现我国超构材料与超构表面产业技术和规模达到国际一流水平			
	计算技术举国新体系的理论构建与系统实施			
	自主智能技术及应用：实现一系列先进传感器件、复杂场景建图与导航、多体协同控制、人机交互等核心技术的自主可控，实现人、机、物三元融合与一体化安全，实现自主智能理论、技术与应用总体达到世界先进水平，支撑我国成为世界主要自主智能与无人系统创新中心			
发展措施	推进新一代信息技术交叉应用，构建高端产业生态体系			
	系统布局重大科技任务，加大关键核心技术攻关力度			
	开展多层次的工程教育，加强工程科技人才培养			
	实施信息电子领域筑基保底工程			

图 5-1　面向 2040 年的中国信息与电子领域工程科技发展路线图

第六章　信息与电子领域重大工程建议

工程科技领域的重大工程主要指直接服务于我国国民经济建设、立足于解决制约经济社会发展的重大问题、直接形成现实生产力或服务能力，且需要有工程科技的重大突破加以支撑的工程项目。面向2040年，为满足经济社会的重大需求，充分发挥重大工程对工程科技的牵引作用，信息与电子领域工程科技需通过统筹部署数字测量体系筑基工程、面向光刻机等高端制造装备的超精密测量筑基工程等重大工程，来实现技术先进、产业发达、应用领先、网络安全坚不可摧的战略目标。

第一节　数字测量体系筑基工程

一、应用需求

数字化是未来发展的重要趋势。我国数字经济规模超过55万亿元，2023年数字经济核心产业增加值占国内生产总值的比重达10%左右（国家数据局，2024）。随着国家政策进一步赋能，数字经济规模还将持续扩大。测量是国民经济和社会发展的重要支撑，数字化转型带来的生产方式、生活方式和治理方式的变革已经对数字化测量能力提出了迫切的需求。当前经济社会各领域测量数字化转型进程存在一些共性问题，主要包括对新涌现的数字对象的测量方法缺失，复杂、极端条件下的远程、实时测量技术不成熟，测量仪器设备自校准能力不足且智能化水平较低等，亟须建立完善的数字测量基础设施，解决共性问题，为测量数字化转型夯实基础。

二、发展目标

数字测量体系筑基工程旨在开发和建立能够支撑测量数字化转型发展的精密测量技术、标准、计量数据应用基地，并在此基础上发挥协同联动效应，以“测量+标准+数据”的数字化范式支撑经济社会各领域数字化转型，加速我国数字经济发展。

三、主要任务

持续推进量子计量基准器件研制，包括单电子电学基准、单光子光学基准、单原子或单分子物质的计量基准等；开展量子测量技术研究与工程化应用，研制芯片级量子精密测量仪器与传感器，搭建分布式传感器网络；开发物联网测量数据通信技术，研究具备机器可读性的测量数据标准体系，研制 D-SI 与数字校准证书；建设计量数据库，开发标准参考数据库；研究适用于大型分布式传感器阵列的远程、动态、在线测量与校准技术；开展高通量测序技术、新型生物量值溯源方法、生物成像技术研究，开展基因组、转录组、蛋白质组、代谢组，以及菌群组、表观遗传组等生命组学信息解析和应用研究，开发生物大数据分析技术；建立针对人工智能系统的传感器、天线、复杂的算法、机器学习系统的可靠性、准确性、溯源性的测试评价和认证技术体系。

四、实施效果

预计到 2030 年，量子精密测量仪器与传感器工程化应用初具规模，基本建立国际通行的测量数据通信标准，在国民经济和社会发展重点领域建设计量数据中心，完成测量数字化示范应用，支撑数字化、智能化生产运营等目标；到 2040 年，量子精密测量技术，远程、动态、在线测量与校准技术，数字化模拟测量技术等广泛应用于工业制造、遥感探测、生命科学、环境监测等领域，建成先进的数字测量体系，全面实现产业数字化转型升级。

第二节　面向光刻机等高端制造装备的超精密测量筑基工程

一、应用需求

光刻机产业处于高端装备制造链的顶端，既是技术链的顶端，又是价值链的顶端；光刻机产业的高质量发展不仅会直接拉动我国芯片产业的发展，而且会极大地牵动整个高端装备制造业的发展，是大国必争的战略制高点。打造光刻机产业高质量零部件产品的制造链和产业链，是光刻机产业高质量发展的基础与前提，其关键是必须首先完成系统的超精密测量能力建设，以此满足光刻机超精密、高性能、高稳定性、高可靠性和长寿命等要求。超精密测量能力建设处于基础性、先导性、战略性地位，必须优先发展。

二、发展目标

成体系的超精密测量能力是光刻机产品制造质量有效管控与提升的基础和核心能力。光刻机产品制造链主要包括零件制造、部件集成、分系统集成、整机集成，以及整机性能调试、试验线考核和产品在役监控等，在这个全制造链、全产业链和全生命周期过程中，对超精密测量的需求无处不在、无时不在。因此，面向光刻机等高端制造装备的超精密测量筑基工程的目标为建设成体系的超精密测量能力，包括零部件层面的超精密测量、分系统层面的超精密测量、整机集成层面的超精密测量、整机性能层面的超精密测量、整机全生命周期的超精密测量。最终，支撑我国国产光刻机产品达到世界前列水平。

三、主要任务

2025—2030 年，重点突破零部件层面的超精密测量、分系统层面的超精密测量，实现支撑我国国产 7nm 工艺节点光刻机产品成体系的超精密测量能力。

2030—2035 年，重点提升整机集成层面的超精密测量、整机性能层面的超精密测量、整机全生命周期的超精密测量，实现支撑我国国产 3nm 工艺节点光刻机产品成体系的超精密测量能力。

2035—2040 年，进一步提升零部件层面、分系统层面、整机集成层面、整机性能层面、整机全生命周期的超精密测量，实现支撑我国国产 3nm 以下工艺节点光刻机产品成体系的超精密测量能力，辐射形成碳基集成电路等下一代芯片制造装备的超精密测量能力。

四、实施效果

通过面向光刻机等高端制造装备的超精密测量筑基工程建设，系统提升针对高端光刻机零部件层面、分系统层面、整机集成层面、整机性能层面、整机全生命周期的超精密测量能力，支持我国国产光刻机产业链的发展。

第三节　构建国产处理器生态的第三体系（C 体系）

一、应用需求

在国际竞争日益加剧的背景下，我国有必要构建处理器生态的第三条道路及其技术体系——C 体系。在处理器领域，难的不是做出一款芯片或者实现一个技术指标，而是构建处理器生态，使得整个信息技术体系可控。从构建处理器生态的道路及其技术体系这个角度，可把我国技术体系归纳成 A、B、C 三个并行的体系。第一个技术体系为“A 体系”，我国信息化的主流平台被 X86 和 ARM 指令集软硬件生态所占领，海光、海思等国产处理器的发展路径强调“全兼容”，可以看作技术体系可控的“高铁模式”。第二个技术体系为“B 体系”，可以看作技术体系可控的“北斗模式”，这个体系强调“全自主”，以龙芯和申威为代表，因为与市场主流不兼容，所以生态弱，中国科学院重大项目攻关的大量技术是兼容技术，从指令集、操作系统这一层兼容，把国外控制生态上的大量应用迁移到“B 体系”中来。第三个技术体系为“C 体系”，走“全开放”的道路，全世界一起来建生态，共享共建，开放开源，谁也不控制谁，谁也不能卡谁，避免“小院高墙”和脱钩断链，如“香山”RISC-V 处理器、“寒武纪”神经网络处理器（neural processing unit，NPU）就是走的这条道路，可以看作技术体系可控的“5G 模式”。

二、发展目标

构建数字空间 C 体系的重点任务包括基于场景驱动、敏捷设计着力完善计算技术领域 C 体系。抓住信息技术发展新趋势带来的机遇，在开放的前提下形成关键核心技术的自主研发能力，构建未来我国主导的信息基础设施的技术体系（C 体系）。基于国产工艺（如 28nm）实现极高良率，提高性价比；“工艺—架构—软件”跨层垂直优化，数量级提升系统综合性能；应用场景驱动，敏捷设计、快速定制，实现针对特定场景加速；针对集成电路制造领域存在的制造工艺自主保障短板，消除“卡脖子”风险。明确保底工艺及工艺对制造装备和材料的需求，实现在中低端工艺（如 28nm）上达到高端工艺（10nm 甚至 7nm）的系统综合性能，形成整体保底能力，建立面向处理器生态可控的开源开放、敏捷设计的技术体系。

三、主要任务

2025—2030 年，重点突破“工艺-架构-软件”跨层垂直优化，数量级提升系统综合性能。

2030—2035 年，重点提升应用场景驱动的敏捷设计和快速定制能力，实现针对特定场景加速；针对集成电路制造领域存在的制造工艺自主保障短板，消除“卡脖子”风险。

2035—2040 年，实现在中低端工艺（如 28nm）上达到高端工艺（10nm 甚至 7nm）的系统综合性能，形成整体保底能力，建立面向处理器生态可控的开源开放、敏捷设计的技术体系。

四、实施效果

通过构建处理器生态 C 体系，以满足保底需求为目标，体系化布局、产业链协同、发展模式创新，以及建设全自主工艺线并迭代升级，实现我国处理器生态的完全自主可控开放，为经济社会发展提供充分的算力供给和生态环境。

第四节　下一代通信网络、探测感知与无线传能基础建设

加强量子雷达、无线传能、通信探测感知一体化、海洋信息感知体系等前沿颠覆性技术的研究。在先进通信网络技术、微波光子探测技术和微波无线传能技术等新型探测感知、通信网络、网络空间安全技术发展上实现突破；加强基础研究、强化应用需求，形成空天地海一体化多层覆盖的通信导航探测网络，完成自主安全、智能泛在的新一代信息感知技术基础建设，形成万物互联、天地一体的信息网络空间架构体系。

一、先进通信网络

研究移动通信的高效传输技术，实现超高速率、超高可靠的空口传输；突破经典信息理论瓶颈，聚焦信息通信融合的基础理论与核心技术研究，内容涵盖信息通信融合的信息表征、信号处理、语义/情感计算、计算通信一体化；聚焦智能简约的无线网络基础研究，内容涵盖智能简约网络的基础理论、网络架构、赋能技术，以及仿人类、仿

生物等智能简约网络新形态。

（一）应用需求

以“高速泛在、天地一体”基础设施建设为导向，全面突破空天地海算网融合网络架构及协议体系，加强对空基算力的调度能力，形成泛在连接、异构接入的空天地海算网融合网络的新形式，并赋能 6G 移动信息网络实现传算一体化目标，具有巨大研究和应用前景。空天地海一体化算网融合技术可以通过各类移动通信场景助力各行业实现“传算一体”目标，提高各行业移动智慧化程度，提升行业利润。此外，海洋探测预警建设也是先进通信网络的崭新领域，须及时开展近海及中远海宽带无线网络技术研究。

（二）发展目标

构建空天地海一体化算网融合网络，包括构建空天地海算网一体网络架构及协议体系、形成基于算力结构部署的精确服务功能链编排技术、建成空天地海信息保障验证系统。

（三）主要任务

构建空天地海一体化算网融合网络，构建算网融合的网络架构及协议体系，突破精确服务功能链编排技术。算网融合技术在地基通信网络中相对成熟，在空天地海一体网络中具备一定的可行性。

重点研究无陆地依托水面动态组网、节点机动分布式信息处理、大容量海上无线通信、基于新型信息处理的水声通信、水下移动组网与交换、新体制水下远距离传输等关键技术。

（四）实施效果

先进通信网络技术将赋能 6G 移动信息网络，实现传算一体化目标，将在全球地域海量用户的无差别高速连接、全域实时监控与预警，以及智慧城市/工厂、基于全息通信的扩展现实（Extended Reality，

XR）等领域产生实质性业务需求增长、经济增长和社会影响，有助于推动 6G 通信上下游产业的实质性发展。

开展近海及中远海宽带无线网络技术研究，在南海进行试点验证，依托天地一体化信息网络工程，构建以卫星、岛礁、浮台和大型船只为节点，可覆盖我国海域和重要线路的海上无线通信网络。开展水下通信与网络技术研究，在水下通信手段方面取得技术突破，构建包含水声通信、（超）长波、激光，以及其他新型水下通信手段的远距离移动水下通信网络。预计 2035 年建成覆盖我国海域的立体信息网络，形成中远海通信保障体系。

二、微波光子探测

我国在集成微波光子领域起步几乎与国际同步，在系统应用方面与国际水平差距不大，应加强在核心器件、集成芯片、架构创新、算法模型方面的前瞻性和关键性任务布局。深化研究微波光子学的相关理论，开发大密度、高速度、高灵敏、高品质、低功耗、可扩展的光电信息功能集成器件，突破微波光子学应用技术，优化设计主件与系统，进而实现在某些领域的应用。

（一）应用需求

微波光子具有宽带化、小型化、低功耗和抗电磁干扰等技术优势，随着各种光子材料及器件相继研制成功，以及组件设计、制造工艺水平的提高，其在宽带通信、高分辨雷达、侦干探通一体化等系统中具有广泛的应用前景。2014 年，美国海军实验室在《自然》杂志发表《光子学照亮了雷达的未来》（Photonics Illuminates the Future of Radar）文章，将该项技术在雷达中的工程应用提到了极为重要的高度。欧盟设立了下一代合成孔径雷达应用的光子前端项目（Photonics Front-end for Next-Generation SAR Applications），拟发展用于下一代合成孔径雷达阵列的光子技术。开展微波光子技术在雷达相控阵中的应用研究，特别是高性能射频稳相光传输技术、高效电光/光电转换技术及光电混合集成的核心微波光子元器件研究，有助于促进微波光子技术在雷达相控阵中实现大规模工程应用。微波光子技术的工程化应用将开启探测感知技术发展史上新的一页，有望为未来的相控阵雷达系统架构带来根本性变革，从而为我国新体制、新功能的相控阵雷达可持续发展做出积极贡献。

（二）发展目标

以先进体制相控阵雷达的宽带化、阵列化、小型化、通用化和网络化需求为牵引，利用光模拟信号传输技术，突破超宽带射频信号传输、处理等关键技术，实现具有宽频段、高线性度、任意波形的宽带多功能一体化阵面，构建基于微波光子的新型相控阵雷达新体制。

（三）主要任务

开展光电混合集成技术研究，提升光电子平台工艺，制作异构集成微波光子模块组件，实现光芯片的三维异构集成。研究高效的电光/光电转换技术，推进微波光子链路的规模应用。建立以感知环境和协同调配频率、幅度、相位和空间分布为基础的模型，优化网络拓扑结构，实现分布式环境下微波光波与可重构组网。

（四）实施效果

射频光处理为高性能微波源的实现提供了新的解决方案，在相位噪声、频率稳定度及频谱纯度方面已经呈现出超越传统电子手段的优势，一旦实现工程应用，将显著提升现有相控阵雷达对低空、慢速、小目标的探测能力。在微波光子相控阵架构下，将处理部分置于后端集中进行，并采用微波光子相关的技术实现射频信号的产生、混频、滤波和模数转换，系统不但具有射频大带宽、低传输损耗、重量轻、抗电子干扰能力强等优良品质，而且具备调谐范围大、重构能力强等特点，有望在光控宽带相控阵雷达等技术领域呈现独特优势。

三、微波无线传能

建立微波能量收发一体的理论模型，发现影响微波无线传能效率的关键因素，提出收发一体化的微波无线传能系统设计方法。实现波束指向测量与控制。完善微波无线传能设备的轻量化、集成化设计。研究电离层/大气层对高功率连续微波传输效率的影响，明确传输媒介对传输效率的影响因素，确定相似性技术。到 2040 年，完成基础理论和关键核心技术攻关，推进兆瓦级空间微波无线传能系统的验证、吉瓦级系统的研制，并在工程化发展方向和产业化实践上取得新的突破。

（一）应用需求

高功率连续微波无线传能技术是应用前景十分广阔、推广价值巨大的关键技术，其系统构成是将获取的能源（如太阳能）变为直流电，进而转化为微波，再以无线微波方式，传输给远距离的飞行器（空间、邻近空间）或地面的接收天线。与传统能源传输方式相比，高功率连续微波无线传能技术具有供电灵活便捷、成本低、变不可行为可行等明显优势。

（二）发展目标

微波无线传能的远期发展目标是实现天/空基的灵活供电，服务国防与国民生活。近期发展目标是实现对边远地区、局部地域供电需求，开展基于浮空平台（如无人机或气球）的地面演示验证系统的研制。

（三）主要任务

发展高功率连续微波无线传能技术，核心的关键技术是提高传能效率。拟基于相控阵体制的发射天线实现波束的可调、可控，基于阵列整流天线模式的接收天线实现高效能量接收与还原。

因此，其设计需从三个方面着手：一是高效的波束收集效率；二是微波柱的波形优化；三是波束指向测量与高精度控制。同时，还依赖于小型化设计、集成化设计、热控、传输媒介对传输效率的影响等问题的深入研究。

（四）实施效果

1. 重塑能源体系、拓展能源资源

空间充电桩实现我国空间能源利用新模式：可通过微波（或激光）无线传能方式为空间飞行器（各类卫星、空间站、轨道舱、宇宙飞船等）供电，从而省去大而笨的太阳帆板，减小卫星尺寸与质量，进而降低发射和运维成本。

告别偏远哨所、岛礁柴油供电历史：利用微波无线传输方式，可对边远地区、岛礁、海洋平台等地区供电；针对个别能源需求“关键点”，可通过移动式微波无线传能方式（如无人机）进行供电；作为传统输电线路的补充，在局部区域遇到自然灾害、突发事件时，灵活的微波无线传能也必能在一定程度上为救灾工作提供便利，对于紧急救灾活动意义重大。

2. 强健信息基础、构筑智能社会

天基一体化信息网，信息与能量同轨共线：微波无线传能与卫星平台的微波通信均依靠微波作为载体，因而可在空间构造能量与信息同时传输的功率信息网体系。基于地球静止轨道（geostationary orbit，GEO）上空间微波无线传能系统和其视场区域内的中低轨卫星和飞行器群，通过窄波束实现有限功率、信号在电站系统与飞行器节点间的传递，再通过微波无线链路进行组网，实现供电与信息传递功能。

3. 拓展空间海洋、传输能量动力

助力大型移动平台驰骋海、空域：对于有机动性要求的大型航母战斗平台，其动力需求在100MW量级（如福特级航母），常规动力航母通常依靠巨量舰载燃油，将占用舰载飞机、弹药和航空燃油的宝贵空间，核动力航母则在安全性方面有一定隐患，而移动式微波无线供

电具有的灵活性和高功率特点，正适合此场景。另外，在军事侦察场合，需基于高空侦察平台对地面、海面等一定范围内的目标进行长时间、不间断的监视，获取目标的动态信息。通过空间发射高功率微波，由无人机顶部接收到的微波无线能量来维持飞行平台的飞行及各种功能运行，以实现无人飞行平台持续不间断的连续飞行及工作。

4. 保障健康发展、助力健康中国

降低恶劣气候（台风强度、走向等）影响、保障民生安全：利用天基高功率连续微波照射，可持续对台风区域内下沉冷气流内气旋中的水汽进行加热，进而改变大气环流，以减弱或改变台风的形成过程，从而达到改变台风强度和走向的目的。

第五节 虚实共生的混合智能增强平台

一、应用需求

未来数字社会将以下一代智能网络、物联网、区块链等为基础设施，以自然人机交互、人工智能等为交互平台，以虚拟现实为技术融合，增强客观物理世界、融合数字虚拟世界，社会经济范式由以信息与通信技术+信息物理系统为特征的工业自动化时代，向以智能互联技术+社会物理信息系统为特征的知识自动化时代发展，社会体系与产业体系必将加速从工业时代到智能时代的进程，创造形成虚实共生的新型社会形态。

2021 年，美国发布了《2016—2045 年新兴科技趋势报告》，列出了未来 30 年将彻底颠覆人类生活的 20 项科学技术，其中混合现实、智能城市、人类增强、社交网络、增材制造、新型武器等均与人机混合智能密切相关。2021 年，欧盟委员会发布的《面向未来的 100 项重大创新突破》包含了增强现实、计算创造力、人工智能、全息图、非接触手势识别、仿生学、情绪识别等与人机混合智能密切相关的条目。在我国，《中华人民共和国国民经济和社会发展第十四个五年规划和2035年远景目标纲要》已将人工智能、虚拟现实列为重点发展领域；国务院在2017年发布的《新一代人工智能发展规划》明确指出，混合增强智能是新一代人工智能的五大核心技术之一（五大核心技术：大数据智能、跨媒体智能、群体智能、混合增强智能、自主智能系统）。研究人机混合增强智能理论和技术，构建人机混合智能系统，已成为我国的重点任务。

二、发展目标

人机混合智能需将“人的作用”或“人的认知模型”引入人工智能系统，达到人机混合、虚实贯通、人机智能共生，其主要特征为计算环境是多时空融合的，计算方式是“人在回路”的，计算过程是多通道人机和谐交互的。我国应聚焦“多时空贯通环境的智能构建与可交互演化的智能增强”这一核心科技问题，将研发创建虚实贯通的新一代沉浸式混合增强智能计算平台作为总体目标，并在智能图形引擎、数字孪生构建与运行平台等共性支撑软件方面产出重大原始创新成果，使我国从技术到应用整体跨入具备虚实贯通、智能增强、智控演化特征的人机混合智能阶段，从而支撑国家未来发展。

三、主要任务

2030—2035年，研制智能图形引擎，元数据库规模不少于100万，建模效率提升10—20倍，工业模型适配精准度不低于90%，物理模拟可信度提升5—10倍，支持10亿面片级模型的照片级实时渲染，在空天装备、未来战争领域实现对Unreal、Unity等国外图形平台主要功能的国产化替代；研发数字孪生构建平台，完成实体建模引擎、实体智能引擎、实体仿真引擎的研发，实体三维组件库规模不少于5万个，实体知识数据库规模不少于10万条，实体仿真资源库规模不少于1万个，典型示范不少于5个。

到2040年，完成国际领先的端云结合智能图形引擎研发，内核微服务组件不少于4套，关键微服务组件不少于7套，建立并形成智能图形引擎的开发社区和应用市场；研发数字孪生构建与运行平台，完成数据与知识服务、视觉智能服务、可视化呈现服务、人机交互服务4类数字孪生运行平台共性服务的研发，实现多元异构孪生体的互联、互通、互操作；制定数据/接口标准规范、自主安全可控机制等方面的国际、国家、行业或核心企业标准；在航空航天、装备制造、国防安全、医疗健康等领域进行规模化推广应用。

四、实施效果

通过重点突破人机协同的感知与执行一体化模型、智能计算前移的新型传感器件、通用混合计算架构、人机智能共生的行为增强与脑机协同、机器直觉推理与因果模型、联想记忆模型与知识演化、复杂数据和任务的混合增强智能学习、云机器人协同计算、真实世界环境下的情境理解、对象智能行为数学表达与建模、虚拟现实场景智能建模与绘制、智能感知与自然人机交互、数字孪生与虚实空间贯通等方面的核心技术，构建虚实贯通的新一代沉浸式混合增强智能计算平台、自主适应环境的混合增强智能系统、人机群组混合增强智能系统等，实现虚拟现实、增强现实、人机交互等技术与人工智能的有机融合。

第六节　无人系统跨域智能协同

一、应用需求

无人系统多体协同重大工程的建设对于促进人工智能领域科技创新能力的持续与快速提升具有重要作用。我国涉及无人系统及人工智能相关研究的科研院所、事业企业单位等用户存在着大量迫切需求，尤其在前沿基础科学研究、国家安全、人工智能芯片、智慧城市、智能制造等领域迫切需要原创算法发明、交互与感知大数据、系统鲁棒性安全性论证、芯片架构验证等众多基础研究需求。无人系统多体协同重大工程的建设及运行将产生重大的科学和社会效益，将支撑人工智能无人系统的单体发育、多体群智、系统进化等基础理论的发现，以及新一代人工智能核心算法、高端器件与芯片、系统平台等方面的创新和研发。

二、发展目标

无人系统多体协同重大工程的目标定位：①建立大场景、全时空、全周期、全要素的陆海空天全域精细智能感知网络；②构建陆海空天多因素耦合的多智能体运行环境模拟系统；③建立支持多智能体系统安全和算法等科学实验的信息物理系统逻辑分析系统；④构建具有自主进化能力的异构陆海空天多体协同与数字孪生推演系统。

三、主要任务

无人系统多体协同重大工程建设拟布局“单体发育、多体协同与进化”等功能区。其中，单体发育场景模拟功能区用于模拟自主无人系统智能发育的典型环境，面向智能单体发育中的核心能力测试开展建设；多体协同测试功能区与相关实验配套功能区的实验服务形成从单一能力到综合能力、从局部模块到整体系统的提升。

四、实施效果

无人系统多体协同重大工程完成后，将通过建立协同创新机制，实现设施和数据的开放共享，更好地服务于人工智能基础及前沿研究。同时，无人系统多体协同重大工程的实施，将进一步加强人工智能科学与技术的紧密结合，开拓人工智能研究的新方向，促进学科建设和创新人才的培养；与周边机器人产业形成极佳的良性互动，带动全国智能控制及相关技术企业原生动力，形成人工智能科技持续发展生态，将在我国建设人工智能强国进程中具有极为重要的战略地位。

第七章　信息与电子领域重大工程科技项目建议

新一代信息技术已经成为未来世界经济的核心驱动力和大国博弈的科技竞争焦点，关系国家安全和产业升级换代。为推进和保障信息与电子领域工程科技重点任务的实施，应系统布局新型量值传递溯源技术、超构材料与超构表面器件技术等重大工程科技专项，加大关键核心技术攻关力度，改变核心信息技术受制于人的局面，形成自主创新与安全可控的信息产业生态体系，实现智能技术与经济社会应用广泛融合。

第一节　新型量值传递溯源技术

物联网的飞速发展正促进工业形态和人们生活方式向数字化、智能化转变。物联网的显著特征是拥有巨大数量的智能型传感器，且在线长期使用，形成传感器网络。传感器性能的稳定性，决定了物联网系统运行的稳定性、能效优化性和可控性。然而，当前尚未解决传感器网络不允许离线校准的问题，导致测量传感数据可能因设备故障或性能漂移而产生较大偏差。为解决上述问题，可基于被观测物理系统的规律，结合大数据的统计分析、机器学习、大系统的特征物理量的时空分析发展新型校准技术和规范。

针对数字化测量的需求和发展趋势，亟须突破一系列关键系统性技术。重点聚焦高端数字测量技术，开展微纳米测量技术、图像识别测量技术、复杂几何量测量技术、高精准基因检测技术研究。重点突破远程和在线测量校准技术，研究精准远程时间频率溯源技术，智能仪表远程校准平台，环境辐射监测仪表远程检测技术，采样类流量仪表远程检测方法，高压大电流设备远程校准技术，高温测量传感器在线校准技术，诊疗设备实时校准技术，气态污染物、水质、泥沙等在线测量技术，环境噪声在线监测计量技术，生物制药在线监测计量技术，大型天线原位校准技术，功能涂层红外发射率原位测量技术。

到 2040 年，掌握数字化测量全流程关键技术，实现一系列先进测量仪器与传感器等关键核心装备的自主创新，建立健全相关的测量数据标准体系、技术规范体系和产品质量认证体系，推动工业制造、遥感探测、生命科学、环境监测等产业领域的高质量、数字化发展。

第二节　超构材料与超构表面器件技术

信息技术是社会发展的基础和先导，实现纳米尺度上光信息的处理和传输，是大幅提升信息处理能力的关键，也是高性能多功能集成化光学器件的发展方向。近年来，以光子作为信息载体的超构材料及超构表面信息处理技术已经成为物理学、信息学及相关交叉学科的研究热点。超构材料及超构表面技术分别在 2003 年、2006 年和 2016 年被美国《科学》杂志评为年度十大科技突破之一，并被美国国防部列为“六大颠覆性基础研究技术”之一。超构表面在光的振幅、相位和偏振的局部操控方面表现出巨大的优势。超构表面具有低损耗、易集成等优势，具有广阔的应用前景。目前超构表面技术的发展还处于实验室到产品尝试阶段，国内外处于相同发展梯队。因此，今后很长一段时期，都将是我国超构材料与超构表面产业发展的重要战略机遇期。

针对超构材料与超构表面产业的战略需求和发展趋势，亟须突破的关键系统性技术包括：超构材料与超构表面先进光学成像技术，促进先进技术与实际应用的结合；超构材料与超构表面大规模设计的通用技术，促进设计与制造产业链紧密衔接；超构材料与超构表面大规模低成本制备技术，实现设计与加工的协同良性发展；超构材料与超构表面全光运算技术，使在单个芯片上处理光和电子数据成为可能。

到 2040 年，我国构超材料与超构表面产业技术和规模达到国际一流水平。突破超构材料与超构表面大规模设计与加工制造的技术瓶颈，形成系列超构材料与超构表面技术的自主开发体系，发展出具有国际代表性的超构材料与超构表面产业，如超构材料与超构表面多功能成像透镜、超构材料与超构表面隐身技术、超构材料与超构表面全光计算器件等。实现先进工艺、国产装备、材料与设计等关键核心技术的突破。

第三节　基于光子集成的传感、传输与计算一体化技术

基于光子集成的传感、传输与计算一体化技术，主要以提升物联网、无人智能，以及高对抗环境下预警探测和情报侦察等领域光传感器光场信息感知与边缘计算处理能力为目标，基于光子集成技术在芯片上实现传感、传输与边缘计算一体化集成，在可见光-甚长波红外频段满足物联网、无人智能、预警探测、情报侦察等对多维度光场信息感知、计算成像、神经形态视觉等能力需求，破解巨量信息传输和边缘计算能力瓶颈，支撑数字经济产业和军事智能技术发展。

突破基于微纳光学光场调控的多维度光信息感知、光场计算成像、神经形态视觉芯片等关键技术，实现光场信息（强度、频率、相位等）“全息”传感；突破异质材料光波导间的阵列耦合设计与工艺、异质材料间的高速电信号匹配工艺、III-V 族器件与硅基器件的高性能集成、光波导间低损耗低回损耦合等关键技术，实现高密、高

速、可调等光传输集成技术；突破硅基光学矩阵处理器的数据表达与系统架构、高光学带宽高速硅基光调制器列阵、光学扇出与扇入技术、波长寻址高速硅基光调制器矩阵及器件功能集成等关键技术，实现高效卷积协处理运算；突破系统架构定义、微纳光学集成、多材料体系集成等光子集成，实现可见光-甚长波传感、传输与边缘计算一体化。

基于光子集成的传感、传输与计算一体化技术，使能安防、无人驾驶、无人机蜂群及高对抗环境下预警探测和情报侦察等领域，提升可见光至甚长波频段光场信息“全息”传感，提取强度、频率、相位等光场信息，适应不断提升的预警探测、目标识别等需求，提升平台适装性。立足国内硅基光子集成工艺基础，选取典型场景（无人驾驶、无人机蜂群等），进一步打破光学传感、通信、计算等行业藩篱，汇聚国内智慧资源，发展传感、传输与计算一体化集成技术，具有较好的可行性。

第四节　超低功耗通信网络技术

以“双碳”目标需求为导向，全面突破超低能耗原生绿色的通信和网络系统，强化对电磁环境的操控能力，形成低时延可再生的自组织网络新范式和新能力，并赋能各行业实现节能减排目标，这将对新能源、移动通信、通信网络基础设施等多个行业产生实质性的积极影响和社会效益，具有巨大的研究和应用前景。据中国移动测算，超低功耗通信网络技术的实施可使通信企业节电量超过400亿kW·h，并通过各类智能场景帮助各行各业实现“双碳”目标，降低各行业运营成本，提升行业利润。

构建内生绿色网络架构可从降低网络能耗出发，设计并优化网元结构，规划内生绿色必需的功能实体及网络架构动态规划方法。突破低能耗传输技术：移动通信网络60%以上的能耗来自信息传输，需要研究面向超低功耗通信的传输技术，设计一体化芯片、新型天线结构、传输链路要素等，从全要素角度联合降低传输能耗。突破多网融合的资源协同调度技术：能源网与通信网的融合能够为实现超低功耗移动通信网络带来新的维度，需根据网络结构特征及资源特征，设计资源协同调度方法，深度挖掘多网融合增益。

通过降低移动通信网络能耗，使能各行业完成“双碳”目标。针对信息传输过程，按照从宏观到微观的顺序，从网络架构、传输技术及资源调度技术三个维度进行新技术的研究和落地。鉴于现有研究对如何降低移动通信网络能效进行深度挖掘，为实现超低功耗通信网络提供技术支撑；国家“双碳”目标的实施，为实现超低功耗通信网络提供了政策支撑。因此，超低功耗通信网络技术的实施在技术和政策两方面均具有可行性。

第五节　自主智能技术及应用

自主智能与无人系统技术作为新一代人工智能的核心和关键，是发展工业互联、智慧农业、数字城市及社会治理等领域的重要支撑，关乎社会经济发展和人类社会进步。尽管人工智能在过去几十年间发展迅猛，在减少劳动、增加生活便利、促进社会公益等方面造福了人类。但人工智能依然可能会在关键情况下做出不可靠的决定。同时，无人系统技术面临难以在恶劣环境及跨域差异化环境中运行的限制。

抢抓自主智能与无人系统发展的重大战略机遇，构筑我国自主智能与无人系统发展的先发优势，需要进行长期规划与重点研发投入。针对自主智能与无人系统技术的战略需求和发展趋势，亟须突破一系列关键技术。包括：开展传感机理与器件技术的研究，提供人工智能的发展与落地应用的硬件基础，助力提高自动化程度和生产效益；开发大规模场景中智能体自主建图、定位、导航技术；开发具有异构、时变、非线性特征的多智能体自主协同控制技术；突破机器学习可解释性、可迁移性、轻量化模型与人机交互增强智能的关键科学技术；构建具备传感与感知、数据处理与信息融合、智能决策、认知与心智发育、学习与适应、通信与计算、执行与动作等能力的集成无人系统。

到 2040 年，研制出高性能多场景融合智能感知器件，包括类脑仿生多元传感机理与电子器件、超构材料光声电磁等感知机理和传感器件、超精密位移测量与智能控制技术等。突破高封闭场景、复杂条件下的多源融合定位、智能体实时自主导航与控制技术。解决复杂扰动环境下的协同控制方式；构建通信受干扰情况下系统性能可保证的协同规划架构，提出多目标下的多体协同一体化理论设计方法。攻关复杂环境下高级别智能驾驶、脑机接口和人机共融关键技术。实现一系列先进传感器件、复杂场景建图与导航、多体协同控制、人机交互等核心技术的突破，实现人-机-物三元融合与一体化安全，实现自主智能理论、技术与应用总体达到世界先进水平，支撑我国成为世界主要自主智能与无人系统创新中心。

第六节 虚拟生理人体构建与医学应用

随着信息、医学、生命等科技的快速发展，解密人体疾病的产生与演化并进行精准治疗已成为可能。2020 年 11 月，世界经济论坛和《科学美国人》共同发布的十大新兴技术报告中有 3 项与虚拟生理人体技术有关。虚拟生理人体技术旨在创建与真实人体在几何外观形态，物理、生理特性，以及病体病理行为等方面高度近似的人体数字孪生，支持人体正常生理功能、疾病发生机制、临床诊断治疗的定性定量研究，为手术规划预演、新药和新医疗器械研发、转化医学研究提供全新的试验平台。

当前，我国在融合生理生化特性的更高级的虚拟生理人研究方面，与世界发达国家相比还存在一定差距，存在研究缺乏系统的组织与集成、自有数据积累不足等问题。因此，我国亟须设立“虚拟生理人体重大科学研究计划”，构建具有自主知识产权的医用虚拟生理人体支撑平台和国家级虚拟生理人体数据中心，为手术规划预演、新药和新医疗器械研发提供全新的试验平台，其主要任务和技术途径可概括为以下两个方面。

1）设立“虚拟生理人体重大科学研究计划”，构建具有自主知识产权的医用虚拟生理人体支撑平台。组织国内生物、医学、信息、数学、物理等多学科交叉优势团队，并积极引进海外人才，制订统一、系统的研发目标和研发计划，整合相关多学科数据、理论和技术，集中围绕虚拟生理人体开展基础研究和关键技术研究，进行原始创新、系统研制和相关验证，争取用5—10年的时间建成医用虚拟生理人体支撑平台，并在医学研究、临床诊疗、药物与医疗器械研发等方面开展应用。

2）建立国家级虚拟生理人体数据中心。虚拟生理人体的构建需要依赖多源、多模态、多尺度的几何、物理和生理生化属性数据，并需要对这些海量数据进行高效智能协同分析处理。因此，在虚拟生理人体数据存储与处理方面，需要进行有组织、有标准的长期积累、集成和管理，从战略层面建立国家级虚拟生理人体数据中心，并在国家科技管理部门的统一组织和领导下，全面系统地推动相关工作。

第七节　面向Web3.0的先进计算与新兴软件

我国高度重视数字中国建设整体布局规划，提出要加快培育数据要素市场，提升社会数据资源价值，培育数字经济新产业，到2035年，经济、政治、文化、社会、生态文明建设各领域数字化发展要更加协调充分。Web3.0作为下一代互联网平台，将以更为透明安全的方式连接信息世界、物理世界和人类社会，使现实与数字世界无缝衔接，拓展人类感知、理解与交互能力，以实现NFT价值交换为驱动，带来众多行业的变革式发展。

加快面向Web3.0的先进计算与新兴软件发展是培育新质生产力、加速产业转型升级的重要支撑。Web3.0将促进数字技术与实体经济的深度融合，为产业升级发展带来新的机遇，将为我国“弯道超车”引领国际数字经济发展提供新质生产力支撑。

Web3.0是赋能国家治理现代化的重要技术支撑手段。基于分布式、去中心化的技术可以帮助政府实现数字化治理和智能治理，促进政府各部门之间的协同和信息共享，实现信息的快速流通和整合，提升政府服务的透明度和公正性，显著提高政府的决策效率和准确性；公民也可以通过这些平台更加直接地参与到政府决策的过程中，增强公民的政治参与感和责任感。

国际上，Web3.0面临的共性技术挑战可归纳为5个方面：①数字内容生产不智能，数字资产建模、数字孪生应用开发门槛高，数字资产创作的智能化水平不高；②虚实贯通的人机交互不自然，当前，许多去中心化应用的用户界面复杂，给非技术用户带来重大障碍；③智能增强的“人机共生”融合深度不够，人机协同尚处于“人在回路”简单串联阶段，“人机共生”支撑能力不够；④安全和隐私保护机制不足，去中心化数据新生态给隐私保护、跨域互通与合作等带来安全风险；⑤去中心化的资源调度可控性差，当前的去中心化计算体系，难以满足大规模分散数据、模型、算力资源下训练资源的高效安全调度。针对上述5个方面的挑战问题，需系统性地开展关键技术攻关和支撑平台研发，主要研究方向如下。

（1）Web3.0操作系统

以用户为中心，通过对图像、语音、姿势、表情等多通道交互信息的精确感知，实现视觉、听觉、触觉等多通道时空一致融合呈现，并有效应对交互意图的自发性、输入数据的随机性、用户行为的差异性和交互场景的丰富性，增强用户对人-机-物融合的多通道感知与自然交互能力，具体任务包括：Web3.0 操作系统内核与运行环境、软硬结合的可扩展体系结构、Web3.0 操作系统交互及模组计算、Web3.0 操作系统接口标准、Web3.0 操作系统安全机制、支持跨物理世界和数字世界多模态协同自然交互的支撑平台、脑机接口、可拓展终端用户感知、理解与操控能力的新一代 XR 应用服务、Web3.0 应用开发与运行生态等；在此基础上，实现智能制造、教育、医疗、文创等不同数字经济领域的创新应用。

（2）数字资产智能制作引擎

融合“HI”和“AI”，为数字艺术品、虚拟地产、数字化身、数字原生等各种数字资产的创作提供更为智能化的软件工具，具体任务包括：端云结合的引擎体系结构与场景管理服务、多源数据的智能建模与编辑、CAD 智能生成、视频智能生成、元数据库、智能建模、智能适配、物理模拟、实时渲染、几何/物理/纹理/材质/光照智能编辑、场景管理与配置、资源管理和配置、场景三维布景、多人协同交互、微服务封装等引擎基础工具及服务。

（3）虚实贯通的空间计算平台

将互联网和物联网的连接对象扩展为实物及其虚拟孪生以及其他虚拟对象，将现实对象空间与虚拟对象空间融合，形成泛联网，具体任务包括：虚实贯通环境的智能感知与理解、实景数字孪生智能构建、用户行为模式感知与识别、虚实无缝融合的生成式混合数据渲染、数据驱动的孪生体智能建模与可交互演化仿真，以及数字孪生的可控互联、互通、互操作等。

（4）Web3.0 新生态数据隐私计算

强调以用户数据主权为核心的隐私保护与安全，通过智能化服务和跨域协作实现价值互联的数据流通，构建基于可信数据空间、跨域数据治理、数据联邦计算、隐私增强技术的数据治算框架，提升用户信任和参与度，激发更多创新应用和服务的发展；研究隐私保护与有序开放兼顾的企业数据治理技术，以及去中心化的人工智能训练与推理技术，降低人工智能与企业数据结合的成本，加速人工智能企业服务的规模化普及，进而活化企业数据资产，并形成数据入表的基础依据与底座。

（5）去中心化的计算技术与资源活化

构建基于可降解共识的异构计算间进程调度总线，研究进程间部分求值与高效共识技术，确保异步执行下计算顺序和算力融合的可验证正确性；研究异构跨集群的张量安全计算协议、语法和解析技术，实现基于数据零拷贝的 AI 模型-数据双向保护训练和推理过程；研究跨层级、跨领域、跨行业的集群算力、模型、数据资源去中心化调度机制，全自动异步协同计算任务排序生成与活化计算技术，面向不同计算响应需求的多层级、梯度化数据分级缓存与实时算力调度机制，建立去中心化计算事务响应机制，实现数据-算力协同优化的融合计算网络。

第八章　信息与电子领域工程科技需求牵引的基础研究方向建议

基础研究是科技创新的源头。习近平总书记在2024年全国科技大会、国家科学技术奖励大会、两院院士大会上的讲话中指出，要“拥有强大的基础研究和原始创新能力，持续产出重大原创性、颠覆性科技成果”。科学凝练面向工程科技发展需求的基础研究方向及重点是支撑我国工程科技实现快速发展、建设成为工程科技强国的关键和基石。为此，信息与电子领域专项组在项目总体组的统一指导下，遵循重要性和导向性、广泛性和多样性、共识性和包容性三大原则，锚定信息与电子领域2040年发展战略目标，广泛组织本领域院士专家开展基础研究方向遴选工作，最终结合专家研判，共形成22项可前瞻部署、重点推进的基础研究方向建议。本章将对各项基础研究建议方向的研究意义及重点研究方向进行重点阐述。

第一节　共性基础领域

一、量子精密测量与传感

精准测量是科技强国、制造强国和质量强国等的关键基础共性需求。随着新一轮科技革命和产业变革的快速发展，测量需求正在向“宏观上极大”“微观上极小”“环境上极端”发展，传统测量技术面临着大量“测不了、测不准”的难题。提高极高分辨、极值量程、极端环境下的测量能力，是推动我国重大战略高质量实施的关键技术支撑。随着SI全面实现基于物理常数定义的量子化变革，如何解决极限条件下的精准测量需求，其背后已有科学的解决方案：通过微观粒子运动规律建立宏观世界的高精度计量基准，从而发展出在任意时间、任意地点上的测量能力。因此，开展量子精密测量与传感技术研究，以服务国家战略需求为导向，助力科学发现和科技进步，支撑国防安全和战略性新兴产业需求，保障国家计量战略资源主权独立，提升我国计量领域国际话语权，具有举足轻重的意义。

重点研究方向为：以建立突破传统测量极限的量子计量基准、研制高准确度和灵敏度量子传感仪器为目标，聚焦溯源到 Δv 和光速 c 的时频计量基准研究、溯源到玻尔兹曼常数 kB 的热力学温度计量基准研究、溯源到普朗克常数 h 和单电子电荷量 e 的电学计量基准研究，以及惯性、重力、磁场、电场等物理量的高精度测量传感技术研究。

二、数字空间的测量体系创新

数字化是以“大数据+算法”为核心的智能化、精准化生产模式，以规模化、网络化测量和传感设备为数据输入的硬件基础。数据的准确性和机器可读、可懂、可操作性是实现数字化的前提。为此，需要解决两个方面的问题。一是大量测量和传感设备长期处于在线运行状态，对目标对象（系统）进行在线实时测量，并利用互联网实时传递数据，以支撑后台数据实时收集和分析，因而不允许离线校准。测量和传感设备性能的稳定性决定了数据质量和分析效果，进而支撑目标对象（系统）运行的稳定性、能效优化性、可控性和探测性，因此，需要解决测量和传感设备的在线、远程计量校准问题。二是大量的测量数据通过互联网传递，并在不同设备间交换共享，因此，需要解决因数据来源复杂、格式不统一而带来的数据溯源性和数据机器不可读性问题。数字空间的测量体系创新能够通过研发新型数字计量技术和建立机器可读的数据标准体系来解决上述问题。

重点研究方向为：①以实现万物互联互通、加快经济社会数字化、智能化转型为目标，观测目标对象（系统）的规律，结合大数据的统计分析、机器学习、大系统的特征物理量的时空分析的新型计量校准技术；②建立数字技术框架下的 SI 体系，以“可查找、可访问、可互操作、可重用”（findable，accessible，interoperable and reusable，FAIR）原则为宗旨，建立机器可读的数据标准体系，开发机器可读的计量语言与计量云平台等数字计量基础设施，实现机器互联；③建立针对人工智能系统的传感器、天线、复杂的算法、机器学习系统的可靠性和准确性，远程智能医疗专家系统的鲁棒性、可靠性、可溯源性的一致可靠的计量评价和认证。

三、生命数字化表征技术体系

生物技术不断推进人类对生命的科学研究与认知、促进新兴生物制造产业发展、推动生物医学进步。与此同时，生物研究仍面临着实验结果高度不可复现的严峻考验，这不仅会影响学界对科学问题的认识，更严重的是基于不可靠的数据分析结果选择的药物和治疗方案将对患者造成不可估量的伤害。生命数字化表征技术是对生物信息的测量、称量、绘量、释量和悟量，并把信息 4D 化的过程，是生物技术的最前沿，能够为生命科学领域发展提供准确数据和参考标准，也是生物安全、生物制造和精准医疗等产业的关键技术支撑。

重点研究方向为：①针对全生命周期的 4D 和数字化，大力发展高通量测序技术；②开展基因组、转录组、蛋白质组等生命信息解析和应用；③发展人工智能在生物成像领域的应用，推动人工智能大数据分析、算法和软件的创新；④建立新型生物量值溯源方法，实现生命活动的精准测量。

四、先进芯片与调控器件研究

使能技术作为基础研究与产品研发之间的关键环节，具有鲜明的目标导向、应用导向特性，是支撑科技强国、制造强国、质量强国发展的基础需求。各国使能技术的具体范畴与国情和发展战略高度相关，世界主要科技强国均在芯片技术、超构材料与超表面技术、微纳光子器件、微波光子器件等信息调控与处理的关键领域持续布局。我国拥有全球规模最大、增速最快的芯片市场规模，但在关键核心产品，尤其是中高端芯片核心技术、先进制造工艺等方面还严重依赖进口，且缺少成体系的完善的产业链条，导致我国的国防安全、产业安全存在严重隐患。因此，开展以先进芯片与调控器件为代表的使能技术研究，从理论设计优化、制造工艺与装备、制造质量调控等方面进行研究，充分发挥后发优势，补短锻长，对保障我国新质生产力安全发展具有关键作用。

重点研究方向为：①研究超大规模硅基芯片、光芯片与光电融合芯片、超材料与超构表面器件、新一代碳基芯片，以及其作用机理、多物理场模型、设计软件；②研究高性能光计算与光处理芯片设计优化方法、光电芯片融合机理、新一代碳基芯片材料与设计方法、碳-硅芯片融合机理；③开展高精度、高性能制造机理与基础工艺研究；④开展高精尖加工装备在线精度调控技术研究；⑤开展超精密尺寸测量与缺陷检测、高通量三维感知等关键精度、性能、质量调控技术研究。

第二节　探测与感知技术领域

一、天地一体化的空间目标光电态势感知

目前，我国太空安全面临着空间碎片对太空资产的碰撞威胁。为确保我国在轨航天器的安全，空间目标光电态势感知技术是碰撞预警和规避的基础和前提，没有较强的空间目标光电态势感知能力，就不可能进行及时有效的预警和规避。开展这一技术方向的研究，主要基于两方面需求。一是提高我国空间目标光电态势感知能力的需要。空

间目标光电态势感知网络作为太空安全体系的重要组成部分和太空安全的基础设施，我国在该领域的技术与国际先进水平存在较大差距。若要大幅提升我国空间目标态势感知能力，发展天地一体化空间目标探测识别能力是关键。只有如此，才能实时掌握空间变化，逐步缩短与国际先进水平的差距。二是建设航天强国履行大国责任的需要。2011 年，我国参加国际组织“机构间空间碎片协调委员会”，采取了务实的举措，如加强碎片监测、制定空间碰撞告警措施、着手碎片减缓与清除等。2014 年，我国提出“一带一路”倡议，并发起基于空间观测科学的国际计划。目前，我国航天成就举世瞩目，并将继续开展探月、探火等深空探测，开展北斗导航、卫星通信等空间服务，为人类社会做出更大贡献。天地一体化空间目标探测识别能力是建设航天强国，履行负责任大国职责的重要保障。

重点研究方向为：①空间目标天基光谱偏振成像探测新原理，天基光学成像-激光测距与信息传输一体化新方案；②星上多源图像数据融合与识别处理算法；③空间目标双动态稳定跟踪与主被动结合高精度测距技术；④空间目标轨道数据智能化处理技术；⑤高速空间激光信息传输技术。

二、微波无线传能基础理论与技术

微波无线传能是一种颠覆式的能量传输技术，具有能量供给方式灵活便捷、低成本、远距离、高效率等特点，可实现信息能量共轨、突发应急救灾、移动平台供电等重要功能；在构建航天器空间充电桩、实现从“天”到“地”的高功率能量转化传输利用、支撑地面/海域/空域及岛礁和偏远地区的无线供电等方面具有独特优势，可为灾区、大型海洋平台、岛屿、偏远山区等不易架设电缆的区域进行快速便捷的电力输送，对卫星、无人机、飞艇等移动目标提供灵活的电力供应。我国是一个幅员辽阔的国家，拥有漫长复杂的陆地国境线和海岸线，对分散灵活的能源供应有着巨大需求。开展微波无线传能技术研究，对保障国家安全、提升空间能量传输能力、繁荣国民经济，具有极其重要的前沿价值。

重点研究方向为：①微波无线传能发射与接收天线一体化设计机制；②特殊波束形式的调制函数与波束产生机理；③高动态条件下的微波收发天线相对定位与波束高精度指向控制；④微波发射/接收组件集成化设计。

三、光机电液基础件设计与制造

光机电液基础件被广泛应用于通信、探测及导航等高性能装备与系统中，具有不可替代的作用。同时，随着 5G 网络引入大带宽和低时延的应用场景，需要高性能光模块基础件对现有无线系统体系架构进行改进。该类光机电液基础件的质量好坏、可靠与否，是各种装备系统能否正常运行的关键所在。由于基础件复杂的工作环境及苛刻的使用条件，各种客观因素的存在均对基础件的制造工艺、机械结构及电气性能等提出了极高的要求。开展光机电液基础件设计与制造研究，明晰该类基础件的光机电液耦合理论机理，对于改进产品设计、制造工艺，保障装备及系统的安全可靠运行，提升我国在制造领域的核心竞争力具有重要意义。

重点研究方向为：①基础件光机电液作用机理与多场耦合模型；②服役环境对基础件性能影响的不确定性度量理论；③制造精度和装配误差对基础件性能的影响机理；④基础件可靠性及服役性能保障技术。

四、原子接收机基本理论与技术

雷达性能受到雷达回波信噪比的制约，传统雷达提高回波信噪比的方法，在于通过增大发射功率及增加累积时间以提高雷达回波功率。传统雷达接收机的噪声是电子学器件的热噪声，其噪声功率无法降低；空间雷达回波噪声主要来源于宇宙噪声，雷达接收机的热噪声比宇宙噪声大。因此，接收机的热噪声限制了雷达对微弱目标的探测。采用超低噪声里德伯原子雷达接收技术，与传统技术相比，有两方面的优势。一是在目前雷达发射功率不变的情况下，大大提高了雷达的信噪比，提升雷达的检测性能。二是在雷达性能不变的情况下，大大减小雷达的发射功率，减小雷达被对方反辐射武器发现的概率，提高了武器安全性。

重点研究方向为：①里德伯原子接收机的响应及误差补偿技术；②里德伯原子接收机的噪声特性分析；③非共振能级条件下的工作频点的拓展技术。其中蕴含的关键科学问题包括：①里德伯原子同调制电场相互作用机理；②里德伯原子接收机的噪声表征及灵敏度分析；③里德伯原子接收机的噪声测量方法；④微波极化方向对 D 态里德伯原子影响的定量分析；⑤不同介质（铷原子和铯原子）的里德伯接收机性能定量分析。

五、微波量子雷达体系研究

微波量子雷达是一种基于量子力学原理，利用量子资源与量子技术的新体制雷达。相较于传统雷达，它一方面能够更精确地描述极微弱信号的特性和传播规律，从而实现高性能的极微弱信号检测与处理；另一方面也可利用一些非经典的量子态和量子效应等，为雷达系统赋予突破经典物理极限的能力。目前，国际上对微波量子雷达技术的研究尚处于起步阶段，主要集中在基础理论研究，尚未形成成熟的微波量子雷达理论体系和系统方案。考虑到面对未来复杂的战场环境和需求，微波量子雷达可能对经典雷达技术带来颠覆性变革。研究微波量子雷达技术基础，有助于我们从底层深刻理解量子信息理论在雷达探测领域中的应用，并为微波量子雷达的实用化发展提供坚实的理论和技术支撑，使我国在未来雷达技术领域处于国际领先地位。

重点研究方向为：①面向雷达探测的微波量子态制备与调控；

②极限灵敏度微波信号接收装置；③微波雷达极限感知理论与信号处理方法；④量子雷达目标散射和环境特性。

第三节　通信网络及其安全领域

一、空间激光通信组网技术

2018年4月20日至21日，习近平在全国网络安全和信息化工作会议上提出："没有网络安全就没有国家安全，就没有经济社会稳定运行，广大人民群众利益也难以得到保障。"[①]空间信息网络安全问题研究是贯彻落实习近平总书记"没有网络安全就没有国家安全"的重要举措。审视我们面临的安全威胁，最现实的、日常大量发生的不是来自海上、陆地、领空、太空，而是来自被称为第五疆域的网络空间[②]。空间信息网络安全问题研究是抵御网络攻击、保护国计民生的迫切需要。未来的空间信息网络，系统复杂、多址异构、稀疏开放、动态接入、协议不一、路由多种、军民两用、信息各异，容易被攻击，安全性差。因此，空间信息网络安全是建设空间信息网络的先导，应特别重视网络架构、信息传输模式、系统硬件和软件及管理等方面的安全与防护。开展激光通信组网技术研究是构建高速、安全空间信息网络的需要。随着现代信息化战争的发展，在空间信息网络之间的信息对抗（持续的通信、监视、侦察、导航等）和空间攻防对抗等关乎国家安全的技术领域，对实时、高速、保密、抗干扰数据传输技术的需求日益迫切。

重点研究方向为：①针对空间激光通信高速安全组网难题，重点研究激光通信网络节点同时收发的机理与方法，突破一对多同时激光通信终端光机电轻小型化设计，超高速率激光调制，高灵敏度激光信

① 习近平出席全国网络安全和信息化工作会议并发表重要讲话. https://www.gov.cn/xinwen/2018-04/21/content_5284783.htm [2024-12-08].

② 成城众志金汤固——习近平总书记指引我国网络安全工作纪实. https://www.12371.cn/2022/09/28/ARTI1664348334027620.shtml [2024-12-08].

号探测解调，多波长通道激光器阵列芯片制造等关键核心技术；②建立激光通信网络标准与协议体系、激光通信网络拓扑动态管理体系、激光通信网络动态链路与流量规划体系，保障信息安全传输；③进一步研究与光纤技术相兼容的大带宽、低串扰、多通道波分复用解复用及光路由技术，激光/微波/太赫兹融合通信与组网技术，激光通信组网时变光路无缝切换，激光通信组网地面分布式模拟验证方法等新型技术，为加快实现空间激光通信高速安全组网奠定基础。

二、面向泛在时变数字孪生网络的 6G Tbps 移动通信基础理论与关键技术

6G 是全球高科技创新和竞争的重要高地，将全面超越移动通信的传统范畴，成为各行各业和社会生活的数智化底座与高效赋能器。基于泛在时变数字孪生网络构建未来全息式数字地球，是 6G 的重要愿景之一。泛在时变数字孪生网络是基于感知、通信、计算、智能融合的新型信息通信网络，将构建物理世界和数字世界间全要素、跨介质、全覆盖、低时延的闭环交互和虚实相生环境，进而更有效地支撑高端工业制造、远程医疗、沉浸式全息交流等未来重大需求的满足。泛在时变数字孪生网络不仅能实现对物理对象的高保真映射和描述，而且能够进一步基于模型优化物理对象，最终实现对物理世界的改造，与物理世界共同进化。然而，物理世界是高度动态变化的，其镜像数字世界也必须是同步变化的，双世界间需要极低时延交互，同时物理世界的庞大和复杂性，导致全息式数字地球的构建需要极高的无线通信速率支持。因此，亟须研究面向泛在时变数字孪生网络的 6G Tbps 移动通信基础理论与关键技术。

重点研究方向为：①面向空天地海泛在覆盖的数字孪生广义容量理论与环境重构技术；②可编程智能电磁环境主动调控理论与技术；③面向物理-数字空间实时交互的 Tbps 低时延无线传输理论与技术；④面向分布式内生智能的通信组网架构及优化技术。

三、智能网络协同安全基础理论

智能网络系统协同安全基础理论的突破，对有人无人协同、人机协同、机机协同等的安全保障具有重要支撑作用。开展智能网络协同安全基础理论研究，构建协同安全体系化安全范式，实现云网端协同安全、通感算融合安全、跨层跨域组合安全等，对提升我国网络空间安全保障能力具有重要的理论意义和实践价值。具体体现在：一是智能网络协同安全基础理论是我国发展新一代信息技术的基石；二是智能网络协同安全基础理论的发展能够提升我国网络安全防御的及时性和自适应性；三是有助于推动数据驱动的安全决策；四是有助于推动资源共享和协同防御；五是能够推动网络安全技术的创新和发展。因此，智能网络安全基础理论的发展不仅会对我国信息系统安全和网络安全事件响应速度、网络安全数据资源共享等方面带来推动作用，还会间接地推动相关技术的创新发展，带动我国信息产业的跨越式进步，具有重要的科学价值。

重点研究方向为：①以智能网络协同安全基础理论构建为根本，探索智能网络系统安全验证与组合重构理论，构建通感算融合的云网端一体化安全保障结构；②进一步建立智能网络系统信任体系，突破海量设备身份管理、系统安全内生安全机理和未知攻击检测阻断与追溯、复杂任务协同执行安全确保等关键技术，构建由局部安全到体系化安全、边界防护到协同安全的体系化安全范式。

四、基于多域电磁传播环境认知的通信体制研究

自 1864 年麦克斯韦预言电磁波存在以来，无线通信日益成为现代信息社会的重要基石。然而，用于无线通信的电波传播特性（衰落和多径弥散）强烈地依赖于所处的环境（高山、森林、陆地、深海、大气等）。从空域来看，无线通信正从当前以陆地覆盖为主向未来 6G 时代空天地海多域覆盖进行扩展。从频域来看，无线通信正从分米波、

厘米波向毫米波、太赫兹和可见光等高频段及极低频、甚低频等低频段扩展。另外，国际前沿的深海、深空、深地通信等战略性领域，也对电波传播行为的高精度认知与刻画提出了更高要求。如果不了解电波环境和行为，则很难在复杂电磁环境中实现可靠通信。因此，面向未来的智能化、无人化、多域化应用场景需求，探索和掌握多域多频段复杂环境下电磁传播的特征和行为，突破电磁环境的快速重构和高效利用技术，开展基于数字孪生的认知驱动通信技术研究，从而解决复杂电磁环境、复杂传播条件下无线网络的自适应、自优化、自进化问题，对未来移动通信体制创新具有十分重要的战略意义。

重点研究方向为：①复杂电磁传播环境的地理信息实时生成技术，支持数字重构环境对人-机-物-境的状态空间、行动空间、优化目标的刻画、剖析、预测、决策；②多域多频电磁传播精准预测理论和技术，实现电磁波与传播环境的持续认知与特征识别；③基于多域电磁传播环境认知的无线传输技术，实现可变参多模态复杂电磁环境中的高可靠传输；④基于电磁传播环境认知的无线组网理论和资源调控技术，实现无线网络的自适应、自优化、自进化。

第四节　计算、软件、智能与控制领域

一、面向算力网络均衡调度的基础理论

面向算力网络的均衡调度研究，有助于实现算力资源在全国范围内的高效、均衡配置，降低数据中心能耗，减少碳排放，符合国家“双碳”目标。推动算力网络相关的关键技术突破（如动态调度算法、跨域协同机制、数据安全与隐私保护等），可为我国数字经济的长远发展提供技术支撑，服务于各行各业的数字化、智能化转型，提升大数据分析、人工智能应用等领域的服务质量与效率，助力实体经济高质量发展。面向算力网络的均衡调度基础理论研究，旨在构建理论体

系、突破关键技术、推动应用示范，为我国乃至全球的算力资源高效、绿色、安全利用提供科学指导与技术支撑。

重点研究方向为：①研究适应“东数西算”需求的新型算力网络架构，包括网络拓扑、节点角色、通信协议等，构建算力网络的数学模型，分析其性能瓶颈与优化空间；②设计考虑数据传输成本、算力需求波动、能耗约束、服务质量等因素的全局、动态、智能的任务调度算法，实现跨域、跨层级的算力资源高效匹配；③研究数据在算力网络中的高效流动机制，包括数据预处理、压缩、缓存等技术，以及在东西部数据中心间的存储策略，降低数据传输延迟，提升处理效率；④量化分析算力调度对能源消耗、碳排放的影响，提出节能减排的调度策略与优化措施，推动绿色算力网络的建设；⑤研究跨域数据流动中的安全威胁与防护手段，设计满足合规要求的隐私保护方案，确保数据在算力网络中的安全传输与处理。

二、算力网络的能效优化与干扰测度

随着云计算、大数据、人工智能等技术的广泛应用，算力网络作为支撑数字经济发展的关键基础设施，其规模不断扩大，能耗问题日益突出。同时，算力网络中各节点间的通信干扰也对网络性能产生重要影响。因此，开展算力网络的能效优化与干扰测度研究具有重要的现实意义和紧迫性。通过能效优化，降低算力网络的能源消耗，有助于实现绿色低碳的数字经济，符合全球环保趋势和我国“双碳”目标。准确测度和有效抑制通信干扰，可以提高网络传输效率，减少数据处理延迟，提升用户感知的服务质量。开展能效优化与干扰测度的相关研究，有助于推动算力网络领域的技术创新，为制定相关国际标准和行业规范提供理论依据和实践经验。

重点研究方向为：①建立全面反映算力网络能效特征的数学模型，包括数据中心能效、网络传输能效、任务调度能效等，开发能效评估工具和方法；②研究面向算力网络的节能调度算法、绿色编码技术、能源管理策略等，旨在在保证服务质量的前提下，最大限度地降低能源消耗；③分析算力网络中各种干扰源（如电磁干扰、信道冲突、网络拥塞等），建立干扰源特性模型，揭示干扰对网络性能的影响规律；④研究通信协议优化、干扰协调算法、干扰抵消技术等，旨在有效降低网络中的干扰水平，提高数据传输的可靠性和效率；⑤探索能效优化与干扰管理的联合优化框架，设计兼顾节能与抗干扰的综合调度策略，实现算力网络的整体性能提升。

三、处理器敏捷设计与跨层优化理论

随着信息技术的快速发展，处理器设计面临着诸多挑战，如市场需求快速变化、技术迭代加速、多样化应用需求、能效比需求提升等。引入敏捷设计方法能够快速响应市场需求变化，缩短处理器设计周期，使产品更快上市，抢占市场先机。跨层优化技术能够从系统级视角出发，综合考虑架构、微架构、电路、工艺等多层因素，实现处理器性能、功耗、面积等关键指标的全局优化，提升资源利用率和能效比。开展处理器敏捷设计与跨层优化技术研究，有助于推动处理器设计领域的技术创新，为行业提供先进的设计方法和工具，引领处理器设计技术的发展方向。

重点研究方向为：①研究面向市场需求快速变化的处理器敏捷设计方法，包括模块化设计、可重构设计、快速原型验证、自动化设计流程等，开发相应的设计工具和平台；②建立能够反映处理器各层特性的跨层优化模型，研究多目标、多约束条件下的优化算法，如遗传算法、粒子群优化、深度学习优化等，实现性能、功耗、面积等多目标的协同优化；③研究处理器运行时的动态调整与自适应技术，如频率自适应、电压自适应、任务迁移、资源调度等，根据工作负载和环境变化实时优化处理器性能和功耗；④研究高精度的硬件预取和高性能流水线等技术，通过仿真、模拟、数据分析等手段，快速评估不同设计方案的性能、功耗、面积等指标，实现高性能、高能效，有效解决存储墙问题；⑤研究处理器与软件栈的协同设计与优化方法，如编译器优化、运行时系统优化、应用级优化等，实现从应用到硬件的全栈优化。

四、面向 Web3.0 的先进计算理论

Web3.0 是赋能国家治理现代化的重要技术支撑手段，将进一步促进政府各部门之间的协同和信息共享，实现信息的快速流通和整合，提升政府服务的透明度和公正性，增强公民对政府的信任。同时，Web3.0 也有助于加强政府与公民之间的互动和沟通，实现更加民主和科学的决策，增强公民的政治参与感和责任感。

重点研究方向为：聚焦面向 Web3.0 的先进计算，前瞻性地开展基础理论与关键技术攻关和支撑平台研发，具体包括人机混合智能理论、沉浸式空间计算理论、新生态数据隐私计算理论、去中心化的计算与资源活化理论。①人机混合智能理论需支持人类化身和其他数字原生智能体的行为模型构建与运行，以及有机融合“人智”与“机智”的 XR 内容高效生成与编辑、智能检索与资源定位；②沉浸式空间计算理论需支撑各种数字原生和数字孪生对象的几何、物理模型构建，各类对象之间跨越物理世界和数字世界的自然交互，以及物理世界和数字世界对象的同步演化；③新生态数据隐私计算理论需支撑基于可信数据空间、跨域数据治理、数据联邦计算、隐私增强技术的数据治算框架，以及隐私保护与有序开放兼顾的企业数据治理；④去中心化的计算与资源活化理论需研究跨层级、跨领域、跨行业的集群算力、模型、数据资源去中心化调度机制，全自动异步协同计算任务排序生成与活化计算理论，多层级、梯度化数据缓存与实时算力调度机制。

五、虚拟生理人体多尺度智能混合建模及其医用可交互自主演化仿真

医用虚拟生理人体是对真实人体的细胞、组织、器官、系统等

多尺度构成单元进行多模态、多源数据采集，并通过几何、物理、生化、生理建模构建的数字化人体，可逼真地体现人体器官和生理系统的物理、生理、病理特征，以及对药械作用的响应，是未来基础与临床医学研究，以及医学人才培养的新兴实验手段和工具，可为手术方案预演、优选，新药和新医疗器械研发等关键医疗问题提供全新的支撑平台和解决手段，将在医学领域产生颠覆性影响。

重点研究方向为：①研究多尺度生理生化信息精准获取与智能协同分析理论，包括分子层次的信息获取、细胞尺度的信息获取、组织尺度的信息获取、器官和生物体尺度的信息获取等；②研究人体多模态感知响应机理及其表达与建模理论，包括多模态感觉信号的获取与传导机制、多模态感觉信息的处理与反馈机制等；③研究人体跨尺度耦合机理的可信表征与建模理论，包括基于知识图谱推理的各系统建模参数的筛选、融合数理理论及深度学习的生理模型构建、跨尺度多模态生理功能耦合建模、各系统生理模型的可信性验证等；④研究生理/病理/药理演化机理规律及其过程的高置信表征与仿真机制，包括生理仿真模型基本信息构建、生理仿真模型的具体内容构建、生理仿真模型的验证校准等；⑤研究医疗器械与人体单元的交互和物理生理响应理论，包括医疗器械高精度孪生建模、虚拟生理人体靶场环境的定制化动态重构、虚拟靶场智能生成与实时响应等。

六、数字信任理论与技术

随着数字化时代的发展，我们正步入一个人-机-物三元融合的万物智能互联时代。数字信任已不再局限于网络空间，而是扩展到人类社会和物理空间，变得更加复杂且泛化，所需要的治理监管能力也亟须提升。然而，目前数字信任理论体系尚未形成，相关基础理论亟待构建，包括密码学、隐私计算、数据安全和区块链等核心理论的完善，以满足我国进入数字化大发展时代的新需求。同时，数字信任的核心技术和标准建设亟待加强，亟须拓展一系列自主可控的数字信任技术。为了抓住数字化时代的重大战略机遇，我国需进行长期规划和投入，提出世界领先的数字信任理论，构建具有自主知识产权的数字信任核心技术，加速建设创新型国家和世界科技强国。

重点研究方向为：①安全完备的数字信任理论；高性能、高安全、可监管的区块链体系架构及关键技术；②安全，如涵盖可解释安全理论和可证明安全防御机理的大模型数据安全基础理论体系、保障大模型训练和推理数据隐私的全维度数据隐私保护基础理论、大模型数据安全全链路评估技术体系等；③安全可信高效的隐私计算，如半诚实模型下高安全隐私计算技术研究、恶意模型下高性能隐私计算技术研究等；④智能合约与物理世界可编程，如支持区块链智能合约与链下可信服务交互及复杂业务的高性能可编程计算引擎、内生安全和监管友好的智能合约编程语言和执行引擎等；⑤人-机-物融合场景的可信计算；⑥面向十亿级人和百亿级物的数字化分布式身份体系和兆亿级交易可信技术体系。

七、智能自主无人系统的决策控制一体化理论与技术

随着科学与技术的发展，控制领域从传统控制到现代控制，再到智能控制，正在向自主智能方向发展。自主智能科学是控制、计算机、通信、机械、材料等多学科交叉融合而形成的交叉前沿科学，体现在信息空间自主感知物理空间的物质系统形态及动态变化。自主智能的发展将为很多行业领域带来突破性的进步，如在空间探测、深海探测、极地科考等人类探索未知世界的领域，自主智能的研究将为其提供关键技术支撑（周济林等，2024）。当前自主智能的研究还面临巨大挑战，现阶段的人工智能与生物智能相比还存在较大的差距。例如，当前的机器智能还难以在复杂开放环境下实现鲁棒与适应，而生物智能可以快速适应突变与对抗性的复杂环境，并做出准确的推理、决策与行动；机器智能还只能通过固定程序进行协同，无法应对环境突变；而生物智能可以组成复杂集群并涌现群体行为。自主智能的发

展将深刻改变人类社会生活、改变世界，为抢抓自主智能发展的重大战略机遇，构筑我国自主智能发展的先发优势，加快建设创新型国家和世界科技强国，需要进行长期规划与投入。

重点研究方向为：①研究复杂天气及噪声干扰情况下智能自主无人系统的多源传感器鲁棒感知系统构建；②面向海量数据的集群系统的数据驱动控制因果诱导与协调要素推理框架；③多层次、高维度、强耦合的智能自主无人系统的协同控制，以及水陆、空陆、水空、水陆空不同机种的智能无人系统协同控制；④面向复杂时序逻辑任务的决策计算与实时控制一体化理论与方法；⑤面向决策控制逻辑安全性与可靠性的形式化验证与综合技术；⑥“人在回路”场景下智能自主无人系统决策控制的共享融合机制与算法基础；⑦时空诱导因果关联的动力学系统数据驱动模式重构与面向信息失衡场景的网络化集群系统分布式控制理论体系；⑧面向资源受限场景的集群博弈与时空一致性协同优化，决策和控制系统及多源异构集群系统一体化验证；⑨全天候针对网络攻击及防御场景下的对抗博弈理论及其应用；⑩安全攸关智能自主无人系统决策控制一体化验证平台与应用验证研究。

八、脑认知启发的下一代人工智能理论

随着科技的迅猛发展，人工智能已成为推动社会进步的重要力量。然而，当前的人工智能方法在处理复杂任务时，往往受限于其固定的算法和模式，难以模拟人类大脑的高效、灵活和创造性的认知能力。为此，脑认知启发的下一代人工智能理论应运而生，为人工智能发展开辟了新的方向。通过模拟人脑的认知机制，赋予机器更加接近生物智能的感知、学习、推理和决策能力，将显著提升机器在复杂环境下的鲁棒性和适应性，使其能够像生物智能一样快速适应突变与对抗性的环境，并做出准确的推理、决策与行动，推动人工智能技术的跨越式发展。通过借鉴生物智能的协同合作和群体行为机制，可以开发出更加高效、灵活的人工智能系统，使其在应对环境突变和复杂任

务时展现出更高的智能水平。通过深入研究脑认知启发的下一代人工智能理论，可以构筑我国在自主智能领域的先发优势，为加快建设创新型国家和世界科技强国提供有力支撑。这不仅将深刻改变人类社会生活，还将对世界科技进步产生深远影响。

重点研究方向为：①模拟人脑尖峰神经元的新型深度学习算法研究，包括但不限于胶囊神经网络、连续吸引子神经网络等；②基于压缩感知和稀疏编码的下一代计算机视觉算法与硬件电路研究；③基于神经形态计算的脉冲神经网络软件算法、芯片及其硬件平台和软硬件协同平台的应用研究。

九、可解释的通用智能演化系统基础

随着人工智能技术的快速发展，智能系统已经逐渐渗透到社会的各个领域，在医疗、金融到交通、工业等各个方面都可见其身影。然而，在智能系统的广泛应用过程中，一些问题也逐渐凸显出来，如系统的可信度和解释性问题，以及适应性和扩展性等方面的挑战。因此，构建一个“可解释的通用智能演化系统基础”成为当前人工智能领域的重要研究方向。随着智能系统应用到各个领域中，其稳定性和可靠性的要求越来越高。一个可信的智能系统能够在各种复杂环境中稳定运行，避免因系统错误或失控而造成损失。通过构建可信的通用智能演化系统基础，可以确保智能系统在演化过程中保持稳定性，并提高其在实际应用中的可靠性。通过构建可解释的通用智能演化系统基础，可以使智能系统在演化过程中保持可解释性，为用户提供更加透明和可信的智能服务。通用的智能系统能够灵活地适应各种环境和任务需求，实现跨领域和跨平台的应用。通过构建通用的智能演化系统基础，可以使智能系统具备更强的适应性和可扩展性，为不同领域和场景提供定制化的智能解决方案。可解释的通用智能演化系统基础的研究对于推动人工智能技术的发展、提升智能系统的可靠性和可解释性，以及实现智能系统的通用性和适应性具有重要意义。

重点研究方向为：①通过深度强化学习研究生物进化论与智能体进化的关系，借鉴进化论的理论，研究可解释、可信的自主决策与可解译的决策过程模型与算法，并将其应用于假设的具身智能体的进化学习中；②通过生物群体智能研究多个具身智能体互相协同合作的机理，并进行人工智能决策的在线评估理论与方法研究；③研究社会化人工智能的构成机理，即智能体通过在现实环境中与人的持续互动进行学习，实现可信赖的交互学习与学习交互，人机一致性的情境理解与预测、决策与控制研究；④自动驾驶与人机共驾仿真模拟平台与支撑环境构建研究；在科学研究基础上，设计通用型的人工智能系统，使其具有多模态的、具身的、主动交互式功能，能完成低层次的基础交互感知、高层次的推理及多个智能体协同任务。

第九章　信息与电子领域发展推进措施及政策建议

2040年，我国工程科技发展将在众多领域取得重大突破，从而极大影响和改变我们的生活方式、工作方式及社会结构。尤其是作为国家发展重要领域之一的信息与电子领域，更应聚焦国家战略需求，发挥其研发投入集中、创新活跃、辐射带动作用强等优势特点，推动实现我国工程科技自立自强，加速信息技术与各行业深度融合发展，提升我国的综合科技实力、产业实力、装备实力和国际话语权。为尽快实现我国信息与电子领域工程科技发展战略目标，本章将从战略规划布局、关键技术突破、产业体系建设及人才队伍建设等方面对信息与电子领域工程科技的未来发展提出有针对性的措施与建议。

一、超前谋划塑造战略优势，推动信息与电子领域重大工程体系布局

聚焦国家信息与电子领域重要战略需求，发挥中国特色社会主义制度优势，集中优势科技攻关力量，为尽快形成一批具有引领性、带动性的重大工程科技项目创造良好的制度环境。一是加强国家战略部署，体系化布局领域重大工程、重大工程科技项目、重点任务。例如，在测量技术领域，建立健全量子计量基准体系，加快攻关嵌入式、芯片级计量基准，推动量值传递和溯源扁平化发展，全面构建以量子计量为核心的国家现代化先进测量体系；充分发挥新型举国体制优势，设立量子计量全国重点实验室，打造科研国家队，不断强化基础研究和工程化应用能力。在使能技术领域，进行新一代芯片技术设

计、制造装备、工艺、关键材料等的提前布局，促进 5 nm 及以下技术节点的成套设备和工艺技术突破，达到追齐世界先进水平的目标；在国家重点研发计划和国防科工相关国家级研究计划中，设立超材料与超构表面器件、微波光子器件等关键使能元器件的科技专项，聚焦科技创新和产业发展需求，开展使能元器件创新研究、关键制造装备研制和应用研究。二是完善领域发展相关法律法规制度，强化政策支持力度。注重从国家层面引导实施相关技术标准计划，组织高校、科研院所及相关企业开展技术标准研究，积极参与国际标准制定。例如，在测量技术领域，加强量子计量战略布局。将计量发展规划与国家战略规划及专项规划相衔接，加快修订以《中华人民共和国计量法》为核心的计量法律法规，为应对 SI 变革和量子计量体系建设提供法律支撑。在网络空间安全领域，完善网络空间安全的法律法规，如《中华人民共和国网络安全法》《中华人民共和国个人信息保护法》《关键信息基础设施安全保护条例》等，为网络空间安全提供法律框架和规范；建立健全网络空间安全事件的应急响应机制，在中央网络安全和信息化委员会办公室（国家互联网信息办公室）名下成立国家互联网应急中心，提高应对网络攻击的能力。

二、实施系统性战略规划，提升信息与电子领域技术体系化发展能力

处理好“底线思维”与“超前部署”的关系，重点做好补短板、锻长板的工作，实施信息与电子领域筑基保底工程，突破领域关键核心技术、解决“卡脖子”问题。面向全产业链，开展涵盖基础材料、成套工艺、专用仪器设备等相关领域的体系化规划布局，提升基础软硬件供给水平，提高整体竞争能力。一是建立技术保底能力。信息基础设施方面以满足保底需求为目标。基于国产工艺实现“工艺-架构-软件”跨层垂直优化，数量级提升系统综合性能，加强核心元器件自主水平，集中力量开展关键技术攻关，并大力扶持技术成果转化。例

如，利用我国在光纤网络、微波通信领域的技术优势，以及产业引领世界上技术和产品创新的长处，面向未来空间信息网络应用，实现核心元器件自主知识产权。应用层面应加快形成数字信任技术体系架构和构建数字信任理论，研究综合集成区块链、物联网、可解释人工智能、隐私计算等技术的数字信任技术。网络空间安全方面重点研究智能端系统安全功能的通用可组合模型与方法，构建主动适变的动态安全保障体系，建立自适应的可重构安全体系。二是强化核心自主创新能力。构建信息技术C体系，健全RISC-V软硬件生态体系，持续开展核心电子器件、高端通用芯片、基础软件产品科技攻关，积极开展相关产业链发展布局，构筑长板优势，形成相互制衡能力。制定光刻机系统国家发展战略，集中精力研制ArF系统光刻机。进一步加强设备、材料的研发与产业化，快速拓展国产装备、材料的产品品种，从根本上支撑产业链最底层的安全。以新的网络发展范式为指导，以实现网络技术自主创新、引领信息与通信技术（information and communication technology，ICT）核心技术群体性突破，构筑先进开放、自强自主的“超越网络”技术体系。三是打造未来引领能力。一方面，重视基础研究及其对工程科技的源头推动作用。例如，以高水平高校、科研院所为主，开展空间信息网络安全基础科学问题、无线激光宽带传输与组网基础科学问题研究计划，以基础研究的突破引领颠覆性工程技术创新。另一方面，持续关注新一代技术发展，探索“换道超车”的可能性。例如，进行碳基芯片、超材料与超构表面器件技术、微波光子技术等新一代技术的设计、关键设备研制、工艺探索和产业化，提升我国在信息全产业链的关键核心技术创新能力。

三、聚焦网络强国、数字中国建设，加速推进产业链创新链双链融合

当前，我国正处在新一代信息技术全面融入生产生活的“行业技术衍生”阶段，由信息技术引发的社会形态变革崭露头角。信息技术

以服务原有业务体系为初衷，通过体系结构和管理流程的不断渗透、优化，引发传统业务体系的变革与重塑。一是要在战略性领域发挥上下游产业链的集成整合作用。围绕人工智能、光电芯片、新材料构建开放技术生态，高度重视上下游延伸的产业链，布局涵盖基础材料、成套工艺、专用仪器设备等相关领域全产业链的体系，打造信息技术高端产业体系。二是充分发挥领军企业的优势带动作用。支持龙头企业和平台型企业培育协同创新生态，发挥龙头企业在“围绕产业链部署创新链”中的作用，带动产业链、创新链上下游企业协同攻关，形成扁平化和自治型的创新联合体，以生态式发展促进产业链与创新链双向深度耦合。激发企业创新活力，围绕产业链强化发展上下游配套，梯次培育专精特新中小企业，解决领域发展“卡脖子”问题。三是加强对产业发展的合理规划。鼓励企业联合高校、研究院所开展产业合作计划，利用基础研究和关键技术优势形成有效的成果转化，促进产业快速发展壮大，实现产业链、创新链良性循环发展。

四、重视信息与电子领域工程科技的教育和基础研究人才队伍建设

基础研究与应用创新研究并重，激励工程科技基础理论创新、工程技术创新、工程技术应用创新同步发展，形成多层次的工程科技人才培养与评价格局。一是进一步强化对信息与电子领域基础科学教育的重视。尤其注重高等教育阶段基础科学教育，注重基础人才培养。例如，鼓励相关高校加强量子测量与传感学科和课程体系建设，促进学科专业教育的交叉融合。构建重点支持领军科学家领衔建设新型研发机构，带动吸引一批高精尖人才开展相关基础研究和成果转化探索；鼓励学术界与产业界深入探索联合培养方式，培养一批具有创新活力的青年科学家及工程科技人才，形成贯穿“产学研用”全链条、具有国际竞争力的工程科技人才梯队。二是着力解决“工程性”和“创新性”不足的问题，在全社会逐步培育崇尚

工程的文化。推动新兴信息技术与其他学科、专业的交叉融合，共同打造跨行业、跨领域的人才联合培养模式，重点突出工程实践能力、设计能力和创新能力培养。以重大工程和重大工程科技项目为平台，通过卓越工程师教育培养计划、信息技术新工科产学研联盟等加强信息与电子领域的工程师联合培养，促进工程科技人才队伍建设。三是重视国际合作。不断拓展国际人才引育。鼓励研发、技术人员积极加入国际组织，积极参加国际学术活动，重视在全球范围内引进高水平的学术带头人。

参 考 文 献

蔡自兴. 2019. 智能控制原理与应用[M]. 3 版. 北京：清华大学出版社.

方向，于连超，任思源，等. 2023. 标准参考数据的科学内涵及发展战略研究[J]. 中国工程科学，25（3）：230-238.

伏吉庆，张伟，贺青. 2019. 磁感应强度基准技术评述[J]. 计量学报，40（4）：700-703.

葛春雷. 2023. 德国发布《人工智能行动计划》[EB/OL]. http://www.casisd.cn/zkcg/ydkb/kjzcyzxkb/2023/zczxkb202310/202311/t20231120_6934950.html[2024-02-29].

国家数据局. 2024. 数字中国发展报告（2023 年）[EB/OL]. https://www.szzg.gov.cn/2024/ szzg/xyzx/202406/P020240630600725771219.pdf[2025-04-15].

孔勇，李美桃，王伟，等. 2023. 美国《人工智能风险管理框架》解读[J]. 中国信息化，（3）：39-44.

李金旺，姚海峰，董科研，等. 2024. 空间激光通信视频压缩感知传输实验设计[J]. 光学学报，44（13）：52-60.

李括. 2020. 美国科技霸权中的人工智能优势及对全球价值链的重塑[J]. 国际关系研究，（1）：26-50，155.

李晓华. 2023. 自动驾驶的发展现状、挑战与应对[J]. 人民论坛，（18）：68-72.

李瑶，陈忻，饶鹏. 2024. 空间目标天基光学定位方法综述[J]. 中国空间科学技术，44（2）：1-15.

刘超，李学莹，张开河，等. 2024. 深空激光通信研究进展及发展方向（特邀）[J]. 激光与光电子学进展，61（7）：84-93.

刘智，蒋青芳，刘树通，等. 2023. 空间激光通信组网技术与应用研究进展[J]. 中国光学（中英文）. doi：10.37188/CO.2023-0140.

吕衍秋，鲁星，鲁正雄，等. 2020. 锑化物红外探测器国内外发展综述[J]. 航空兵器，27（5）：1-12.

倪歆玥，余书田，唐玉俊，等. 2021. 海雾中舰船目标的偏振探测能力研究[J]. 红外与毫米波学报，40（1）：96-101.

沈伟，赵尔雅. 2023. 数字经济和数字博弈双重背景下人工智能的国际法治理[J]. 武大国际法评论，7（4）：81-105.

谭锐. 2023. 中国芯片产业如何跨越“中等技术陷阱”？[J]. 中国科学院院刊，38（11）：1665-1674.

王熹，邓磊，陶坤宇，等. 2024. 空间激光通信与测距一体化研究[J]. 光通信研究，（3）：27-34.

谢永江. 2021. 打击网络攻击犯罪应加强国际合作[EB/OL]. https://m.chinanews.com/wap/detail/zw/gj/2021/07-22/9526273.shtml[2024-12-06].

徐凌验. 2023. GPT类人工智能的快速迭代之因、发展挑战及对策分析[J]. 中国经贸导刊，（8）：55-57.

张帅. 2022. 美“星链”计划迈出军事化一步[EB/OL]. http://www.81.cn/gfbmap/content/2022-12/14/content_329787.htm[2025-04-15].

中国工程院“中国区块链发展战略研究”项目组. 2023. 中国区块链发展研究[M]. 杭州：浙江大学出版社.

周济林，谢基伟，葛健，等. 2024. 空间系外行星探测与研究进展[J]. 空间科学学报，44（1）：5-18.

Cai L，Sun Y，Zheng Z，et al. 2021. Blockchain in China[J]. Communications of the ACM，64（11）：88-93.

Camara W D，Choquette S，Delak K，et al. 2023. DIGITAL NIST：an examination of the obstacles and opportunities in the digital transformation of NIST's reference materials[J]. Acta IMEKO，12（1）：10.21014/actaimeko.v12i1.1403.

Chen J，Sun J，Wang G. 2022. From unmanned systems to autonomous intelligent systems[J]. Engineering，12（5）：16-19.

Dhawan R，Moyal K，Choudhary A. 2023. Optical filter-less photonic FMCW radar for multi-target detection[J]. IEEE Photonics Technology Letters，35（2）：81-84.

Ellis B，Cook J，Moalla S，et al. 2023. Smacv2：an improved benchmark for cooperative multi-agent reinforcement learning[EB/OL]. https://openreview.net/forum?id=5OjLGiJW3u[2024-12-21].

Gao S，Zhang H，Wang Z，et al. 2023. Data-driven injection attack against discrete-time intelligent automation systems with slowly time-varying delays[J]. IEEE，（4）：1-13.

Hammarbäck J，Alfredson J，Johansson B J E，et al. 2024. My synthetic wingman must understand me：modelling intent for future manned–unmanned teaming[J]. Cognition，Technology & Work，26（1）：107-126.

Kulkarni M，Moon B，Alexis K，et al. 2024. Aerial field robotics[EB/OL]. https://arxiv.org/abs/2401.10837v1[2024-02-29].

Li C，Li P，Zhou D，et al. 2018. Scaling Nakamoto Consensus to Thousands of Transactions per Second[EB/OL]. https://arxiv.org/abs/1805.03870[2024-02-29].

Li S，Yu Q，Ding H. 2023. Reviews and prospects in satellite range scheduling problem[J]. Autonomous Intelligent Systems，3（1）：9.

Lu B K，Sun Z，Yang T，et al. 2022. Improved evaluation of BBR and collisional frequency shifts of NIM-Sr2 with 7.2×10^{-18} total uncertainty[J]. Chinese Physics Letters，39（8）：080601.

Mustapää T，Autiosalo J，Nikander P，et al. 2020. Digital metrology for the Internet of Things[C]//2020 Global Internet of Things Summit（GIoTS）. IEEE：1-6.

Nakamura S，Matsumaru D，Yamahata G，et al. 2023. Universality and multiplication of gigahertz-operated silicon pumps with parts per million-level uncertainty[J]. Nano Letters，24（1）：9-15.

Nguyen C T. 2018. Expertise and the fragmentation of intellectual autonomy[J]. Philosophical Inquiries，6（2）：107-124.

Nicholson T L，Campbell S L，Hutson R B，et al. 2015. Systematic evaluation of an atomic clock at 2×10^{-18} total uncertainty[J]. Nature Communications，6：6896.

Oelker E，Hutson R B，Kennedy C J，et al. 2019. Demonstration of 4.8×10^{-17} stability at 1s for two independent optical clocks[J]. Nature Photonics，13（10）：714-719.

Sun Y，Tu H，Boppart S A. 2023. Nonlinear optical imaging by detection with opticalparametric amplification（invited paper）[J]. Journal of Innovative Optical Health Sciences，16（1）：5-14.

Takamoto M，Hong F L，Higashi R，et al. 2005. An optical lattice clock[J]. Nature，435（7040）：321-324.

Ya Shifrin V，Alexandrov E B，Chikvadze T I，et al. 2000. Magnetic flux density standard for geomagnetometers[J]. Metrologia，37（3）：219-227.

关键词索引

Z